Natürlich Synergetischer Weinbau NSW

Theorie und Praxis einer postmaterialistischen Wirtschaft am Beispiel des Weinbaus

Weinbau unter Berücksichtigung und Anwendung feinstofflicher Wirklichkeit und geistiger Energie

Band 1

Theorie

von

Horst Hummel

Villány-Berlin 2023

Band 1 Theorie

Inhalt

Vorwort

Einleitung

Der Status Quo

Die Grundlagen

Die Quantenphysik und ihre Auswirkungen auf unser Denken über Materie und Wirklichkeit

Felder, höhere Raumdimensionen und Bewusstsein

Zweiwertige und mehrwertige Logik

NSW I Die Methode in der Theorie

Anmerkungen

Bibliographie

Band 2 Praxis

Inhalt

NSW I Die Methode in der Praxis

Der kinesiologische Muskeltest

Der Pflanzenschutz

Die Vinifikation

Vorwort

Ein Text, der sich mit der Darstellung einer Methode befasst, die auf Phänomenen beruht, die für unsere Sinne überwiegend nicht wahrnehmbar sind, bewegt sich auf einem schmalen Grad, bestenfalls. Aus Sicht der klassischen Wissenschaft vermutlich jenseits der Grenzen des zuverlässig Sagbaren. Dies kann allerdings kein Grund sein, auf die beabsichtigte Darstellung zu verzichten. Es liegt in der Natur der Sache, dass bisher unbewiesene Phänomene zum Zeitpunkt ihrer ersten Formulierung sich außerhalb des Bereichs der wissenschaftlichen Beweisbarkeit bewegen. Ansonsten wäre noch nichts wirklich Neues gedacht worden. Es ist das Schicksal des wissenschaftlichen Beweisens, das es der Wirklichkeit hinterherhinkt. Und es ist die auch hier unbestrittene Zuverlässigkeit des wissenschaftlichen Beweises, die die Qualität der klassischen Wissenschaft begründet. Diese Zuverlässigkeit resultiert allerdings aus der Geschlossenheit des Systems, innerhalb dessen sich die Wissenschaftlichkeit ereignet. Dies gilt sowohl für den experimentellen, als auch für den mathematischen Beweis, als auch für die Aussagenlogik. Sie alle bedürfen eines geschlossenen Bezugsystems, um zu zuverlässigen, überprüfbaren Ergebnissen zu gelangen. Dieses Bezugssystem gibt sich die Wissenschaft jeweils selbst, ebenso wie die darin geltenden Regeln. 2 + 2 ist nur innerhalb des mathematischen Systems 4 und unter Anerkennung und Anwendung der dort geltenden Regeln. Das Universum ist aber kein geschlossenes System, ebenso wenig wie die Wirklichkeit. Die Wissenschaft gelangt also nur um denjenigen Preis zu zuverlässigen Ergebnissen, dass sie den gesamten Bereich, der außerhalb der von ihr geschaffenen geschlossenen Systeme liegt, außer Acht lässt. Das macht die erzielten Ergebnisse nicht falsch, aber im Hinblick darauf, was Wirklichkeit ist, nur bedingt aussagekräftig. Dasselbe gilt für das wissenschaftliche Denken selbst. Es macht sich seinen Gegenstand zum Objekt. Es substantiiert. Und diesem Objekt stellt es sich als wissenschaftliches Subjekt (Forscher, Wissenschaftler) entgegen. Das forschende Subjekt nimmt sich aus der erforschten Wirklichkeit aus. Es ist nicht Teil von ihr. Es liegt auf der Hand, dass es eine Wirklichkeit, der der Forscher nicht angehört, tatsächlich nicht geben kann und auch nicht gibt. Die

Position der Wissenschaft ist insofern fiktiv. Und die von ihr erzielten Ergebnisse sind im besten Fall höchstmögliche Annäherungen an die erforschte Wirklichkeit, niemals aber diese selbst. Die Haltung des wissenschaftlichen Denkens ist diejenige der seit über 2500 Jahren wirkmächtigen zweiwertigen (aristotelischen) Logik. Aber weder ist die Wirklichkeit zweiwertig, noch das Universum ein begrenztes System. Dass sich die zweiwertige Logik dennoch so lange halten konnte liegt an ihrer Leistungsfähigkeit, nicht an ihrer Endgültigkeit. Und ihre Leistungsfähigkeit hat ihren Preis, nämlich u.a. denjenigen des Ausschlusses all dessen, was außerhalb ihrer Systemgrenzen liegt. Ausgeschlossen bleibt all das, was denkbar wird, wenn Denken nicht mehr nur das Ergebnis der Dichotomie von Subjekt und Objekt ist, sondern ein Denken, das sich als Teil der Wirklichkeit denkt, in der es sich ereignet. Dieses Denken ist dann nicht mehr beschränkt auf den begrifflichen Ausdruck, die Darstellung und die Abbildung des bedachten Objektes, sondern womöglich Ausdruck der Resonanz, in der es mit der Wirklichkeit steht, mit der es *verschränkt* ist. *Verschränkt* ist hier durchaus in dem Verständnis gemeint, in dem wir es aus der Quantenphysik kennen. Und das Wort *womöglich* zeigt an, dass dieses Denken eines der *Möglichkeiten* ist, das auch Wahrscheinlichkeiten als Werte kennt. Es kennt daher nicht nur das Wahr und Unwahr, das 0 und 1 der Zweiwertigkeit und außerdem nichts Drittes, es kennt und erkennt auch die Wertigkeit der dazwischen liegenden Werte, es ist seiner Natur nach mehrwertig, also n-wertig. Es ist das Denken der mehrwertigen, der Quantenlogik. Das Wort *Resonanz* verweist darauf, dass das Denken jenseits der Zweiwertigkeit neben der sinnlichen Wahrnehmung der Wirklichkeit noch eine andere kennt. Dies ist die Ebene des Geistigen. Denn Resonanz hat zwar auch eine streng orthodox physikalische Bedeutung. Wenn die Wirklichkeit aber nicht bei der klassischen Materie endet, wovon wir seit den Erkenntnissen der Quantenphysik mit guten Gründen ausgehen dürfen, nicht nur. Im Denken in mehrwertiger (n-wertiger) Logik ist das Ergebnis der Resonanz mit der geistigen Dimension der Wirklichkeit Intuition. Intuition wäre danach neben der zweiwertigen Logik, die umfassendere mehrwertige (n-wertige) Dimension des Denkens bzw. der menschlichen Informationsverarbeitung.

Der vorliegende Text erkennt die Axiome und Leistungen der klassischen Wissenschaft vollumfänglich an. Aber eben nur soweit ihre Zuständigkeit reicht. Und der endet an den Grenzen der von ihr selbst definierten Systeme. Und dort findet auch das wissenschaftliche Denken seine Grenzen, jedenfalls soweit und so lang es zweiwertig ist und bleibt. Das Denken selbst kennt diese Grenzen nicht. Das bedeutet nicht, dass es keine Ordnung kennt. Diese dürfte aber so komplex sein, wie die Natur selbst.

Einleitung

Der vorliegende Text und die darin formulierten Gedanken sind entstanden aus meiner über 25-jährigen Tätigkeit als Winzer, den in dieser Zeit mit meinen Weinbergen, Reben, Weinen, aber auch mit meinen Mitarbeitern, Kollegen, Partnern, Kunden, Freunden, meinen Mitmenschen ganz allgemein und mir selbst gemachten Erfahrungen und der Beschäftigung mit grundsätzlichen Fragen danach, was Wirklichkeit eigentlich ist, welche Rolle in dieser Wirklichkeit die Natur spielt und wo wir als Menschen stehen in dieser Wirklichkeit und Natur. Getragen waren meine Gedanken und Erfahrungen dabei von einem lange bestehenden Unbehagen an einem Denken und Handeln, das im Wesentlichen von einem rein materiellen Ursache-Wirkungs-Verständnis bestimmt ist. Dies umfasst sowohl das klassische wissenschaftliche Denken, das einem rein materiellen Wirklichkeitsbegriff verhaftet ist, als auch die daraus resultierenden Handlungsweisen, die sich natürlich nicht nur in der Landwirtschaft und im Weinbau zeigen. Der Grund für das beschriebene

Unbehagen an dem insoweit vorherrschenden Denken und seinen Produkten liegt u.a., aber nicht nur, in den auftretenden Begleiterscheinungen. Und diese sind die seit dem Beginn der Industrialisierung in der Landwirtschaft spätestens in den 1960er-Jahren in zunehmendem Maße, z.B. in Gestalt eines dramatisch zunehmenden Humusverlustes, von mit Rückständen von Pflanzenschutzmitteln und Herbiziden belasteten Früchten (z.B. Weintrauben) und ihrer Sekundärprodukte (z.B. Wein) und in Gestalt von schädlichen Auswirkungen auf Mikro- und Mesofauna, Insekten, Vögel, Säugetiere, Wasser und Luft auftretenden und zuletzt die natürlichen Lebensgrundlagen der Menschen bedrohenden Folgeerscheinungen. Und obwohl es ein geschärftes und wachsendes Bewusstsein für diese Phänomene gibt, scheint die Menschheit dennoch überwiegend in der Haltung zu verharren, dass es für sie zu dem einmal eingeschlagenen Weg keine grundsätzliche Alternative gibt. Ganz überwiegend setzt sie ihre Hoffnungen auf die Leistungsfähigkeit der Wissenschaft und die ihr angeschlossene Industrie.

Dieser Text versucht sich an der Formulierung einer an den aktuellen Erkenntnissen der Natur- und Geisteswissenschaft orientierten Denk- und Handlungsweise, die das Leben und Handeln von Menschen nicht in unauflöslichem Widerspruch zur Natur sieht.

Den Urgrund für die die natürlichen Lebensgrundlagen bedrohenden Handlungsweise der Menschen sieht dieser Text in einer selbstauferlegten Begrenzung und Begrenztheit des Denkens selbst, das seinen Ausgang bei Sokrates/Platon genommen hat und schließlich über Aristoteles in einer formalen Logik gemündet ist, die hier als das Denken in zweiwertiger Logik identifiziert wird, auf der das klassisch wissenschaftliche Denken im Wesentlichen immer noch gründet und das seinen wesentlichen Ausdruck in Descartes Trennung von Geist und Materie (res cogitans und res extensa) fand. Dieses Denken hält die Menschheit zum einen zu Recht für befähigt, zum anderen aber auch für berufen und berechtigt, Phänomene in der Natur mit ihren Mitteln daraus zu entnehmen und zum Wohle der Menschheit beliebig zu vervielfältigen und zur Anwendung zu bringen. In diesem Sinne hat das

Denken in zweiwertiger Logik zu all den exzellenten
Anwendungen in allen Lebensbereichen geführt, die
das moderne Leben bestimmen. Die bereits ange-
deuteten Begleiterscheinungen, die das Hervorbringen und der Einsatz all dieser Anwendungen in den
unterschiedlichen Lebensbereichen mit sich bringt,
hält dieses Denken für unvermeidlich und soweit mit
seinen Mitteln nicht abzuwenden, für hinzunehmen.
Zieht man in Betracht, dass dieses Denken, z.B. im
Zusammenhang mit dem Verbrennen fossiler Ener-
gieträger, inzwischen den Fortbestand der Grundlagen für menschliches Leben auf der Erde bereits
erkennbar bedroht, wird deutlich, dass es berechtig-
te Gründe dafür gibt, an seiner Allzuständigkeit und
Befähigung zur Beantwortung der sich der Menschheit bereits jetzt und in Zukunft stellenden
Fragen zu zweifeln.

In diesem Zusammenhang sei darauf hingewiesen,
dass sich dieser Text und das ihm zugrundeliegende
Denken in keiner Weise gegen das Denken, insbesondere auch nicht gegen das wissenschaftliche
Denken in zweiwertiger Logik und seine Errungenschaften richtet. Ebenso wenig wie gegen die Den-

ker, die dieses Denken maßgeblich begründet haben. Im Gegenteil! Wenn das Denken in zweiwertiger Logik vom hier dargelegten Standpunkt aus kritisch betrachtet und beschrieben wird, dann nicht im Hinblick auf die auch hier umfassend verstandene und anerkannte Wertigkeit dieses Denkens, seiner Errungenschaften und seiner geschichtlich evolutionären Relevanz, sondern im Hinblick auf dessen Alleinvertretungsanspruch darauf, was Wirklichkeit und das, was sich zuverlässig darüber sagen lässt, überhaupt ist, insbesondere aber darauf, was seine offensichtliche Insuffizienz im Hinblick auf die von ihm verursachten Begleiterscheinungen und Auswirkungen auf die natürlichen Lebensbedingungen auf der Erde betrifft.

Motiviert ist der Text und die darin beschriebene Methode **Natürlich Synergetischer Weinbau NSW** neben meinen Erfahrungen als seit 2008 organisch und seit 2016 biodynamisch arbeitender Winzer, u.a. von meinen Erfahrungen mit der von dem holländischen Arzt Dr. Roy Martina entwickelten synergetisch kinesiologischen Heilmethode *Omega Health Coaching*, die ich seit 2006 als Klient erfahren und schließlich 2019 selbst erlernt habe (vgl. Roy Martina, *Tiefseelentauchen*,

Emotionales Gleichgewicht finden,

Verlag Silberschnur, 2009). Bereits als *Omega Health Coaching*-Klient bin ich immer wieder mit Fragen an meinen Coach Dr. Rainer Partschefeld herangetreten, die meine Weinberge, Reben und Weine betrafen. Zunächst geschah dies mit der Frage, ob man mit dem dieser Methode zugrunde liegenden kinesiologischen Muskeltest (KMT) neben Menschen auch andere Phänomene wie z.B. Weinberge, Reben und Weine diagnostisch testen und adressieren kann (siehe zum kinesiologischen Muskeltest: David R. Hawkins, Die Ebenen des Bewußtseins, VAK Verlag Kirchzarten, 11. Auflage 2020, engl. Power versus Force, Veritas Publishing Sedona/Arizona 1995; John Diamond, Der Körper lügt nicht, 12. Auflage, Freiburg 1995). Die gegebene und schließlich auch erlebte Antwort war ein eindeutiges *Ja*, das dann auch in kinesiologisch getesteten Ergebnissen und Diagnosen mündete. Entsprechend meiner damaligen Vorstellungskraft ging es allerdings zunächst ausschließlich um diagnostische Fragestellungen. In der Zwischenzeit sind weitere

Erfahrungen sowohl bei der Diagnose von Weinen, etwa der Feststellung von Weininhaltsstoffen, aber auch von unerwünschten Phänomenen im Wein und der Frage, wie sie zu beantworten und ggf. zu behandeln sind, hinzugekommen und schließlich auch die Behandlung der Weine selbst. Im Zentrum der Methode steht aber die für Weinbauern zentrale Frage nach einer Alternative zum bisher praktizierten (auch im biologischen und biodynamischen Weinbau angewandten) Pflanzenschutz.

Der vorliegenden Text versucht, den insoweit gemachten empirischen Erfahrungen unter Berücksichtigung der dazu für mich erreichbaren und aus meiner Sicht relevanten und in den unterschiedlichen Bereichen von Natur- und Geisteswissenschaft und Philosophie bisher formulierten Gedanken denkend auf die Spur zu kommen.

Über die praktische Anwendung der Methode und die von mir gemachten Erfahrungen berichte ich im zweiten praktischen Teil dieses Textes (Band 2).

Ausgangspunkt für die hier vorgestellte Methode und ihre denktheoretischen Grundlagen ist die von mir gemachte Erfahrung, dass man Böden, Weinberge, Reben und Weine mit dem kinesiologischen Muskeltest (KMT) auf ihren Zustand und ihre Bedürfnisse hin „testen" kann und Böden, Weinberge, Reben und Weine grundsätzlich auf die angewandte Methode reagieren.

Aufgabe dieses Textes ist es, die denktheoretischen Grundlagen aufzuzeigen, die die beschriebenen Phänomene einem den Gesetzen der Logik, wenn auch nicht zwingend zweiwertigen, verpflichteten Denken als zumindest möglich erscheinen lassen.
Dabei wird es notwendig sein, das Feld des Eingangs bereits erwähnten Denkens in zweiwertiger Logik zu erweitern und unser Denken in den Bereich des Denkens in mehrwertiger Logik hinein auszudehnen. Es wird aufgezeigt werden, wie das Denken in zweiwertiger Logik bei der Beschreibung und dem Verständnis von Wirklichkeit an seine Grenzen gestoßen ist und wie diese Grenzen durch es selbst bereits im Bereich der Quantenphysik durchbrochen und überschritten wurden.

In dem insoweit eröffneten Bereich zeigt sich einerseits das Denken in mehrwertiger Logik als die für die Erfassung und Beschreibung der Wirklichkeit angemessenere Denkweise. Diese Denkweise ist propabilistisch; sie kennt und denkt die der manifestierten Wirklichkeit vorgelagerte Dimension der dem Wellenkollaps vorausgehenden auf der Quantenebene angesiedelten unendlichen Möglichkeiten. Und es zeigt sich das Phänomen der z.B. von Rupert Sheldrake beschriebenen und von ihm so genannten morphischen und morphogenetischen Felder (*vgl. Rupert Sheldrake, Das schöpferische Universum. Die Theorie des morphogenetischen Feldes. Ullstein, Frankfurt am Main/Berlin 1983, Neuauflage 2009*) als die eigentlich formgebenden Ursachen in der Natur. Beides ermöglicht das denkende Erschließen des Geistes als Wirklichkeit formendes Phänomen.

Aktiven Zugang zu der formgebenden Dimension des Geistes bekommen wir über das Verfahren des kinesiologischen Muskeltests, KMT (David R. Hawkins, a.a.O.; John Diamond, a.a.O.) über den wir uns mit den insoweit jeweils formgebenden Feldern verbinden und sowohl diagnostisch, als auch im Wege des Einsatzes unseres Bewusstseins durch Psychokinese z.B. präventiv und kurativ wirken können. Die Schnittstelle zwischen den an der menschlichen Muskulatur ausgeführten KMT und den adressierten Feldern ist nach dem hier zugrundeliegenden Verständnis das elektromagnetische Feld, EMF. Transmitter sind zwischen der klassischen Materie (z.B. Muskulatur, Gehirn) und den Feldern flottierende Photonen und Kohorten von Photonen (QBits) als Träger der Information.

Die hier vorgestellte Methode erweist sich als die Fortsetzung und Weiterentwicklung des bereits in der Homöopathie und der biodynamischen Landwirtschaft zur Anwendung kommenden Denkens und Handelns. Auch in der Homöopathie und in der biodynamischen Landwirtschaft sind es energetische und feinstoffliche Phänomene und *Information*, die überwiegend über den materiellen Trägerstoff Wasser auf die adressierten Organismen angewendet werden. Im Gegensatz zu Homöopathie und biodynamischer Landwirtschaft setzt die hier vorgestellte Methode jedoch auf den Einsatz rein geistiger

Energie zur Diagnose und Behandlung von unerwünschten Symptomen und Phänomenen. Gemeinsam ist allen genannten Verfahren die Überzeu-
gung, dass es letztlich reine *Information* ist, die zu
den erwünschten Ergebnissen führt. Im Unterschied
zur Homöopathie und Biodynamie bedarf die hier
vorgestellte Methode allerdings keinerlei materieller
Träger mehr für die Applikation der *Information*.

Natürlich Synergetischer Weinbau NSW geht dabei von einem hierarchischen Verhältnis zwischen
Geist und Materie aus, in dem der Geist das Primat
hat. Dies und den Umstand, dass wir als Menschen
direkten Zugang zu der geistigen Dimension der
Wirklichkeit haben, macht sich **Natürlich Synergetischer Weinbau NSW** zu Eigen und zu Nutzen.

Der vorliegende Text hat es sich zur Aufgabe gemacht, den für das klassisch-wissenschaftliche Denken und das Denken in zweiwertiger Logik kaum
denkbaren Gedanken, dass Vorgänge innerhalb der
Materie, jedenfalls organischer (belebter) Materie,
durch geistige Energie, also menschliches Bewusstsein, beeinflusst, geführt und/oder gesteuert werden

können, für ein Denken, dass weiterhin der Logik, wenn auch nicht einer zweiwertigen, verpflichtet ist, zumindest denkbar zu machen und so in den Bereich des der Vernunft verpflichteten, nicht zwingend zweiwertig, logischen wissenschaftlichen Denkens einzuführen und für die praktische Anwendung, zum Beispiel in Weinbau, aber nicht nur da, nutzbar zu machen.

Der Status Quo

Der Weinbau der Gegenwart basiert im Wesentlichen auf einem dreidimensionalen Verständnis der Wirklichkeit, den Gesetzen der zweiwertigen Logik und einem traditionell materiellen Verständnis der Physik, das sich an Isaac Newton (1643 – 1727) orientiert und der von Descartes postulierten strengen Trennung von Geist und Materie. Auf diesem Verständnis von Wirklichkeit beruht auch die biologische oder ökologische Landwirtschaft, mit dem Unterschied, dass sie, anders als die konventionelle Landwirtschaft, keine systemischen Pflanzenschutzmittel, keine synthetischen Düngemittel und keine Herbizide und Insektizide verwendet.

Seit Anfang des 20. Jahrhunderts existiert daneben die biodynamische Landwirtschaft auf der Grundlage des Denkens und der Vorträge von Dr. Rudolf Steiner (*Geisteswissenschaftliche Grundlagen zum Gedeihen der Landwirtschaft: Landwirtschaftlicher Kursus, Koberwitz bei Breslau 1924*). In der biodynamischen Landwirtschaft werden feinstoffliche Zusammenhänge in der Wirklichkeit bedacht und kommen zur Anwendung. Feinstofflich im hier verwendeten Sinne meint Wirkungszusammenhänge, die über den unmittelbaren Ursache-Wirkungs-Zusammenhang im traditionell materiell-physikalischen (newtonschen) Verständnis der Physik hinausgehen.

Im traditionell materiell-physikalischen Verständnis werden Krankheits- und/oder Mangelsymptome in der Landwirtschaft mit Mitteln bekämpft, die unmittelbar auf die physikalische, biologische, chemische oder bio-chemische Wirklichkeit der zu bekämpfenden Symptome einwirken. Erfolg bemisst sich in diesem Verständnis der Landwirtschaft am Verschwinden der Symptome und an der Erntemenge. Belastungen von Böden, etwa durch die Anreicherung von Herbiziden oder den Verlust von Humus, Belastungen von Pflanzen durch Anreicherung von Herbiziden, Fungiziden und Insektiziden und Einbußen am Autoimmunsystem, die Belastung der Umwelt, z.B. des Wassers, durch die Ausbringung von synthetischen Düngemitteln und die Belastung der Lebensgrundlagen von Kleinstlebewesen, Insekten und anderen Tieren durch Herbizide, Pestizide und

Insektizide und Belastungen von Früchten und daraus hergestellten Erzeugnissen, wie etwa Wein, werden in Kauf genommen und Rückstände in Lebensmitteln ggf. über die Festlegung von Grenzwerten reguliert.

Keine der beschriebenen Methoden der Landwirtschaft, einschließlich der biodynamischen Landwirtschaft, die ebenfalls, wenn auch in viel geringerem Umfang als andere Verfahren, materielle Mittel wie Kupfer und Schwefel im Pflanzenschutz einsetzt, kommt ohne schädliche Nebenwirkungen auf Natur und Umwelt aus.

Natürlich Synergetischer Weinbau NSW beschreibt eine Methode, die ohne den Einsatz materieller Mittel im Pflanzenschutz und Keller und damit ohne negative Auswirkungen auf die Umwelt und die erzeugten Produkte auskommt.

Synergetisch ist die hier vorgestellte Methode, weil sie sich das Zusammenwirken von in der Natur vorhandenen, sich gegenseitig fördernden Phänomenen und Wirkmächtigkeiten zum gemeinsamen Nutzen zu Eigen macht. Neu ist an **Natürlich Synerge-**

tischem Weinbau NSW die Berücksichtigung von Bewusstsein und *Information* und von (morphogenetischen) Feldern als die Wirklichkeit formende höherdimensionale Raumstrukturen, der Einsatz des kinesiologischen Muskeltestes (KMT) für Diagnosezwecke und der präventive und kurative Einsatz von Kinesiologie und Psychokinese zur Erzielung der erwünschten Ergebnisse.

Der Gedanke, dass es eine Methode in der Landwirtschaft oder Wirtschaft ganz allgemein geben könnte, mit der nachhaltige Ergebnisse ohne schädliche Nebenwirkungen erzielt werden können, erscheint dem klassischen, traditionellen Denken, das das Abendland über die letzten 2500 Jahre geprägt hat, bisher fremd. Noch fremder wird diesem Denken die Vorstellung erscheinen, dass es möglich sein soll, Prozesse und Phänomene in der materiellen Dimension der Wirklichkeit mit dem Einsatz von geistiger Energie wirkmächtig zu beeinflussen und zu steuern. Überraschend ist diese Haltung dennoch angesichts der Tatsache, dass sie ziemlich genau 100 Jahre nach der Entdeckung der Quantendimension immer noch nahezu umfassende Gültigkeit im

Rahmen der klassischen Wissenschaft besitzt. Überraschend deshalb, weil eine der tragenden Feststellungen der Quantenphysik diejenige ist, dass erst die Beobachtung, also ein Akt des Bewusstseins, zu dem führt, was wir gemeinhin für die Realität halten. Das Grundmuster unseres Denkens ist dieser Einsicht und der von der Quantenphysik eröffneten Dimensionen aber im Wesentlichen noch nicht gefolgt. Dieses Grundmuster ist die 2-wertige aristotelische Logik, die seit ca. 2500 Jahren unser Denken bestimmt und sich als die Logik der klassischen Materie erweist. Das Verständnis der hier beschriebenen Methode erfordert daher die Überwindung des Denkens in 2-wertiger Logik, bzw. dessen Erweiterung auf ein Denken in mehrwertiger Logik. Mit dem im abendländischen Denken überwiegenden Denken in zweiwertiger Logik und einem rein materiellen Verständnis der Wirklichkeit lässt sich die hier beschriebene Methode weder beschreiben noch verstehen.

Natürlich Synergetischer Weinbau NSW.

Die Grundlagen

Natürlich Synergetischer Weinbau NSW ist die Fort- und Weiterentwicklung der Prinzipien und Erkenntnisse der biodynamischen Landwirtschaft und die Ausweitung und Fortentwicklung der der Homöopathie zugrunde liegenden Prinzipien und deren Ausdehnung auf Weinbau und Vinifikation unter gleichzeitiger Berücksichtigung und Anwendung diagnostischer, präventiver und kurativer Erkenntnisse und Praktiken der Kinesiologie.

Natürlich Synergetischer Weinbau NSW basiert auf den Erkenntnissen der Quantenphysik über das Wesen von Materie, auf der Annahme der Existenz von Quantenfeldern (morphogenetischen Feldern) und deren Verortung in der 4. und höheren Raumdimensionen, sowie auf dem Denken in mehrwertiger Logik.

Sowohl zur Diagnose, als auch zur Behandlung von unerwünschten Symptomen bedient es sich neben dem Bewusstsein im Wege der gerichteten Meditation (Psychokinese) des von dem holländischen Arzt Dr. Roy Martina entwickelten synergetischen psychokinetischen kinesiologischen Verfahrens *Omega Health Coaching*, das bisher, soweit bekannt, nur zur Diagnose und Behandlung von Menschen Anwendung findet (Roy Martina a.a.O.).

Natürlich Synergetischer Weinbau NSW versteht dabei Gedanken, Worte und Bilder im Hinblick auf die Möglichkeit Einfluss auf Bodenlebendigkeit, Pflanzengesundheit und Wein zu nehmen, als ebenso wirkmächtig, wie die beschriebenen Methoden in der konventionellen, biologischen und biodynamischen Landwirtschaft. Dies allerdings ohne die mit dem Einsatz materieller Substanzen verbundenen schädlichen Nebenwirkungen.

Die entscheidende Schnittstelle zwischen den agierenden Personen und den mit geistiger Energie bzw. über das Bewusstsein adressierten Phänomenen ist das elektromagnetische Feld (EMF) über das wir mit den höherdimensionalen Raumstrukturen der Quantenfelder (morphogenetischen Felder) verbunden sind.

Den denktheoretischen Zugang zu der Vorstellung, dass nichtmaterielle Ursachen auf Materie einwirken können, liefern die Erkenntnisse der Quantenphysik, insbesondere die dort festgestellte Welleneigenschaft der Materie und das Phänomen der Quantenverschränkung, sowie das Denken in mehrwertiger Logik, das im Ergebnis das Primat des Geistes als valente Dimension innerhalb einer strengen begrifflichen Logik zu formulieren in der Lage ist.

Den praktischen Zugang zur Einflussnahme auf Wirklichkeit durch Bewusstsein liefert neben der gerichteten Meditation selbst, die auf Kinesiologie basierende synergetisch psychokinetische Methode *Omega Health Coaching* (Roy Martina a.a.O.).

Die Quantenphysik und ihre Auswirkungen auf unser Denken über Materie und Wirklichkeit

Wesentlich für die hier vorgestellte Methode und die ihr zugrunde liegende Annahme, dass Materie grundsätzlich mit geistiger Energie adressierbar ist, sind die in der Quantenphysik ans Tageslicht geförderten Eigenschaften der Materie selbst. Bis zur Feststellung und Beschreibung der sich innerhalb der Atome abspielenden Vorgänge durch die Quantenphysik galten die von Newton beschriebenen Gesetze von Ursache und Wirkung als unumstößliche Gesetze zur vollständigen Beschreibung aller Vorgänge im Universum. Wie die Flugbahn einer Kugel galten bis dahin alle Vorgänge im Universum im Hinblick auf Ursache und Wirkung als berechen- und damit vorhersagbar. Geistige Phänomene haben danach keinerlei Einfluss auf das Verhalten von Materie und dienen, soweit es sich dabei um Gedanken handelt, lediglich dem Verständnis der für die Materie unumstößlich für alle Zeiten geltenden Gesetzmäßigkeiten. Materie existiert nach dem klassischen Modell unabhängig von geistigen Phänomenen wie Gedanken, Bewusstsein, Wahrnehmung, Messung und Beobachtung. Sie bringt diese Phänomene überhaupt erst als Epiphänomene, etwa in Gestalt der Denkbegabtheit der Menschen, hervor.

Nach den Erkenntnissen der Quantenphysik sind die kleinsten Bestandteile der Materie, die Elementarteilchen, allerdings nicht materieller Natur, und ihnen werden gleichermaßen Eigenschaften von Wellen, als auch von Teilchen zugemessen (Wellen-Teilchen-Dualismus). Es ist diese nichtmaterielle Dimension der Materie und die Welleneigenschaft der Elementarteilchen, die zum einen aufgezeigt hat, dass die von Newton beschriebenen Gesetze die Wirklichkeit nicht erschöpfend beschreiben und die Materie grundsätzlich adressierbar macht für nichtmaterielle Phänomene.

Zu Beginn des 20. Jahrhunderts drangen Physiker mit Ihrem Denken und Ihren Versuchen in das Innere der Materie ein und veränderten schlagartig unser Verständnis von Wirklichkeit.

Max Planck, Albert Einstein, Werner Heisenberg, Niels Bohr, Erwin Schrödinger u.a. entdeckten, dass

Materie keineswegs die harte Wirklichkeit ist, für die man sie bis dahin gehalten hatte. Atome waren von da an nicht mehr die Kugeln, als die sie bereits die alten Griechen vor über 2500 Jahren entdeckt und als die kleinste Einheit der Materie verstanden hatten, aus denen sich Moleküle und alle Materie bilden. Plötzlich bestand diese Materie aus um einen Atomkern aus Protonen und Neutronen rasenden Elektronen, deren Position zudem nicht konkret, sondern nur nach den Gesetzen der Wahrscheinlichkeit feststellbar war und zwischen denen und ihrem Atomkern sich nichts befand. Jedenfalls nichts sicht- und mit den vorhandenen Möglichkeiten feststellbares. Materie bestand danach zu 99,99999 % aus nichts.

Abgesehen von den 0,00001%, die auf den Atomkern entfallen, war und ist da nichts, außer um den Atomkern herumrasende Elektronen, die allerdings Wellen waren und sind, jedenfalls so lange man nicht versucht, ihren konkreten Standort festzustellen und sie zu messen. Bis dahin befinden sie sich in einer sogenannten *Superposition*. Einer Position, die ihnen alle Möglichkeiten offen lässt. Erst durch den Messvorgang verwandeln sie sich plötzlich in Teilchen, also zu dem, was man gemeinhin für Materie hält. Der Messvorgang, der dazu geführt hat, ist ein Vorgang der Beobachtung, der einen Beobachter voraussetzt. Ohne diesen Beobachter und seine Beobachtung wird aus der Welle kein Teilchen, aus der Möglichkeit keine Wirklichkeit im Sinne von Materie im überkommenen Sinne.

Experimentell nachgewiesen wurde das unterschiedliche Verhalten von Elementarteilchen vor und nach (mit und ohne) Messung im sogenannten Doppelspaltexperiment. Abhängig davon, ob die Elementarteilchen nach dem Durchtritt durch die Spalten gemessen werden oder nicht, zeigt sich auf dem Detektorbildschirm ein Interferenz-(Wellen-)muster (ohne Messung) oder ein Muster aus 2 parallelen Streifen (mit Messung). Abhängig von der Messung/Beobachtung verhält sich das Elementarteilchen also entweder wie eine Welle (unbeobachtet) oder ein klassisches Materieteilchen (beobachtet).

Es ist dieses Phänomen in der Quantenphysik, das Albert Einstein zu der Frage an Niels Bohr motiviert hat, ob er ihm tatsächlich weismachen wolle, dass der Mond nicht da sei, wenn niemand hinschaue! Diese von Einstein gestellte Frage, die Bohr angeblich damit beantwortet haben soll, dass Einstein ihm doch das Gegenteil beweisen solle, markierte eine Linie, die mitten durch die Quantentheorie verlief und ihre Protagonisten lange Zeit in zwei Lager getrennt hat, die sich über die wahre Deutung der Erkenntnisse der Quantenphysik gestritten haben.

Bis dahin ging man in der Physik und darüber hinaus davon aus, das es sich bei der von uns wahrgenommenen Wirklichkeit um ein objektives Phänomen handelt, das unabhängig von Beobachtung und/oder Messung existiert. Beobachtung und/oder Messung dienten der Feststellung und dem Verständnis der objektiven Gegebenheiten und Phänomene und ihrer Beziehungen zueinander. Die Einsicht, dass ein Akt der Beobachtung oder Messung einen Einfluss auf das Gemessene haben könnte und dies auch noch in der Weise, dass letzteres erst durch die Messung zu klassischer Materie wird, war dem bis dahin geltenden Verständnis und Selbstverständnis in jeder Hinsicht fremd. Die Erschütterung dieses Verständnisses und Selbstverständnisses hätte größer nicht sein können und hält bis in die Gegenwart an.

Im sogenannten Doppelspaltexperiment zeigt sich aber nicht nur der Doppelcharakter der Materie, die dort in ihren kleinsten Repräsentanten, den sogenannten Elementarteilchen, sowohl als Wellen, als auch als Teilchen auftreten, sondern es wird auch der Akt der Beobachtung oder Messung als wesentlicher Vorgang im Realprozess deutlich.

Wird Wirklichkeit im Sinne von Materie erst durch Beobachtung erzeugt indem diese Beobachtung zum Wellenkollaps führt und damit aus den bis dahin bestehenden in der Welle vorhandenen Möglichkeiten ein Faktum werden lässt, lässt sich das Bild von der objektiven Wirklichkeit, die Gegenstand unserer Beobachtung ist, nicht mehr aufrecht erhalten. Der in der Anfangszeit der Quantentheorie herrschende Streit darüber, ob Wirklichkeit, wie von Heisenberg und Bohr in der Kopenhagener Deutung vertreten, erst durch Beobachtung entsteht (vgl. Nick Herbert, Quantenrealität - Jenseits der neuen Physik, Birkhäuser 1987, S. 158) oder unabhängig von ihr, wie von Einstein und Schrödinger vertreten (vgl. Herbert, a.a.O., S. 161), ist inzwischen zugunsten der Kopenhagener Deutung entschieden.

Weiterhin unbeantwortet ist allerdings die Frage, wie das unterschiedliche Verhalten gleicher Elementarteilchen zu erklären ist. Denn obwohl die im Doppelspaltexperiment aus einer Photonenkanone abgeschossenen Photonen aus physikalischer Sicht alle „gleich" sind, treffen sie, nachdem sie alle unter denselben Bedingungen abgeschossen wurden und dieselbe Öffnung durchquert haben, an unterschiedlichen Stellen auf dem bereitstehenden Phosphorbildschirm auf (vgl. Herbert, a.a.O. S. 160). Dort bilden sie ein Interferenzmuster, das demjenigen entspricht, dass der britische Astronom George Biddell Airy 1835 berechnet hat und das sich auf alle Arten von Wellen anwenden lässt (vgl. Herbert a.a.O. S. 90). Gleichzeitig erweisen sie sich allerdings aufgrund der sich auf dem Bildschirm abzeichnenden Punkte auch als Teilchen (Wellen-Teilchen-Dualismus). Und diese treffen, anders als Objekte der klassischen Physik, wie etwa Kugeln, ohne ersichtlichen Grund auf unterschiedlichen Stellen auf dem Bildschirm auf. Dieses Verhalten von Elementarteilchen verletzt die grundsätzliche Anforderung an wissenschaftliche Experimente, wonach diese beliebig wiederholbar sein müssen, ohne, dass sich bei gleichbleibendem Versuchsaufbau das Ergebnis verändert. U.a. dieses als Quantenwillkür bezeichnete Phänomen bestärkte Einstein in seiner Meinung, dass die Quantentheorie als solche nicht vollständig sei und es verborgene Variablen für dieses Verhalten geben müsse, die von der Quantentheorie zu ihrer Vervollständigung erst noch gefunden werden müssten. Heisenberg und mit ihm die Mehrheit der damaligen Quantenphysiker war dagegen der Meinung, dass die Quantentheorie vollständig sei und es aus quantenphysikalischer Sicht schlichtweg keine Gründe für das anscheinend willkürliche Verhalten der Elementarteilchen gibt.

Diese Kontroverse veranlasste Einstein schließlich zu seinem theoretischen EPR-Experiment (Einstein-Podolsky-Rosen-Experiment) mit dem er die Unvollständigkeit der Quantentheorie beweisen wollte. Er konnte damit theoretisch beweisen, dass, die Quan-

tentheorie beim Wort genommen, in Lichtgeschwindigkeit in unterschiedliche Richtungen abgeschos-
sene Zwillingsteilchen im Falle der Veränderung z.B.
der Polarisation des einen Zwillingsteilchens, das
andere ohne jede zeitliche Verzögerung immer dieselbe Veränderung in der Polarisation aufweist. Da
die Quantentheorie für dieses Verhalten der Zwillingsteilchen keine Erklärung hatte und nach der
Relativitätstheorie im Universum nichts schneller ist
als Licht, war für Einstein der Beweis der Unvollständigkeit der Quantentheorie erbracht.

Für Bohr/Heisenberg war es der Beweis dafür, dass
es für dieses Verhalten keine Erklärung gibt, jedenfalls keine innerhalb der Physik einschließlich der
Quantenphysik, die damit in ihren Augen vollständig
war. Einstein beharrte im Angesicht des Ergebnis-
ses seines Experimentes auf der Unvollständigkeit
der Quantentheorie (*„Der Alte würfelt nicht"*, Einstein[1]) und der Lokalität der Wirklichkeit, weil alles

---

[1] In einem Brief vom 4. Dezember 1926 an Max Born (evtl.
auch in einem Brief an Niels Bohr) schrieb er:
  „Die Quantenmechanik ist sehr achtunggebietend. Aber eine
innere Stimme sagt mir, daß das noch nicht der wahre Jakob ist.
Die Theorie liefert viel, aber dem Geheimnis des Alten bringt

andere für ihn bedeutet hätte, dass die an beiden Zwillingsphotonen festgestellten identischen Messergebnisse durch eine Art telepathische Vermittlung verursacht wurden, die auch noch in Überlichtgeschwindigkeit, also superluminal, abgelaufen sein müssten. Beides erschien ihm insbesondere im Hinblick auf die in seiner Relativitätstheorie festgestellte und bewiesene Tatsache, dass im Universum nichts schneller ist als Licht, unannehmbar, weshalb er von vermeintlicher *„spukhafter Fernwirkung"* sprach und die Ursachen auf verborgene Variablen schob, die von der Quantenphysik noch entdeckt werden müssten.

Einsteins Auffassung von der Lokalität der Wirklichkeit wurde dann schließlich 1964[2] von John Stewart Bell zunächst ebenfalls in einem Gedankenexperiment mit der sog. Bellschen Ungleichung (Bellsches Theorem) widerlegt, in der das Phänomen der Quatenverschränkung beschrieben wird

---

sie uns kaum näher. Jedenfalls bin ich überzeugt, daß der nicht würfelt." (vgl.:
https://de.wikipedia.org/wiki/Gott_w%C3%BCrfelt_nicht).
[2] Nach Einsteins Tod 1955

(https://de.wikipedia.org/wiki/Bellsche_Ungleichung).
Die Ergebnisse des Bellschen Gedankenexperiments wurden schließlich 1972 durch physikalische Experimente von Stuart Freedman und John Clauser und später in weiteren Experimenten, z.B. 1982 von Alain Aspect bestätigt.[3] Seither steht, und das bis zum heutigen Tage unwiderlegt und wohl auch unwiderlegbar, fest, dass die Wirklichkeit nichtlokal und die Ursache für das identische Verhalten von in Lichtgeschwindigkeit in unterschiedliche Richtungen fliegenden, verschränkten Zwillingsphotonen superluminal ist. Unabhängig davon, wo im Universum sich der eine Photonenzwilling befindet, verändert sich der andere ohne jegliche zeitliche Verzögerung, sobald eine Eigenschaft an seinem mit ihm „verschränkten" Geschwister verändert wird, auf identische Weise.

Wie das zu erklären ist, ist bis heute innerhalb und außerhalb der Quantenphysik umstritten.

---

[3] Für diese Experimente und den damit geführten Beweis der Quantenverschränkung erhielten Freedman und Clauser 2022 zusammen mit Anton Zeilinger den Nobelpreis für Physik

Fest steht aus heutiger quantenphysikalischer Sicht, dass mit der Messung bzw. Beobachtung, ein vom Bewusstsein gesteuerter Prozess, für den Wellenkollaps und damit für die Entstehung der von uns sinnlich wahrgenommenen Wirklichkeit verantwortlich ist.

Und es steht aus quantenphysikalischer Sicht fest, dass Information den Zustand „verschränkter" Elementarteilchen instantan verändern kann und das unabhängig davon, wie weit voneinander entfernt sich die Teilchen befinden (Quantenverschränkung). Damit tritt Information neben dem Bewusstsein grundsätzlich als aktiver Spieler im Realprozess auf und ist Gegenstand naturwissenschaftlicher Betrachtung.[4] [5]

---

[4] Information als Teil der Wirklichkeit erkannt hatte John Archibald Wheeler bereits in den 1990er-Jahren in seiner Auseinandersetzung mit künstlicher Intelligenz (KI) und Kybernetik, als er das Universum als aus Elementarteilchen, Feldern und Information bestehend beschrieb („It from Bit") (J. A. Wheeler, "Information, physics, quantum: The search for links," in Complexity, Entropy and the Physics of Information, edited by W. H. Zurek (Addison-Wesley, Redwood City, CA, 1990), p. 354.).

[5] Und ganz aktuell wurde von Melvin M. Vopson die in der sichtbaren (baryonischen) Materie im Universum vorhandene

Damit gerät die gesamte seit über 2500 Jahren unser Denken und Glauben bestimmende Vorstellung von der Schöpfung ins Wanken, um schließlich unter dem Eindruck der Einsichten der Quantenphysik einzustürzen und das auch dann, wenn man nicht gläubig ist im Sinne der monotheistischen Religionen, die sich ihren jeweiligen Gott als Schöpfer denken. Denn bis zum Auftreten der Quantenphysik ging auch die atheistische Wissenschaft von einer objektiv vorhandenen Realität aus, die es wissenschaftlich zu ergründen gilt.

Wenn Realität im Sinne von klassischer Materie aber erst durch einen Akt des Bewusstseins entsteht, tritt dieses Bewusstsein als aktiver Spieler auf den Plan und will im Prozess der Entstehung von Realität verstanden werden.
Realität erweist sich danach als Ausdruck von Wirklichkeit, die alles was im Universum ist, umfasst, einschließlich des die Realität durch Beobachtung

Information berechnet und postuliert, dass „Information" neben Feststoff, Flüssigkeit, Gas und Plasma die fünfte Form dominanter Materie im Universum ist (Melvin M. Vopson, https://aip.scitation.org/doi/full/10.1063/5.0064475)).*

bzw. Messung hervorbringenden Bewusstseins. Realität wäre danach die infolge des Aktes der Beobachtung bzw. Messung aus dem Meer der unendlichen Möglichkeiten, das die Wirklichkeit ist, perpetuierte Faktizität.

Anstatt mit einer vom Schöpfer in 7 Tagen oder vom Urknall geschaffenen Welt, haben wir es plötzlich mit einer Wirklichkeit zu tun, in der das und unser Bewusstsein selbst an der Entstehung von Realität beteiligt sein soll.

Im Weltbild der Quantentheorie ist die von uns sinnlich wahrgenommene materielle Realität nicht mehr Ausgangspunkt von allem, sondern Ausdruck von Bewusstsein. Nichtphysische Phänomene wie Gedanken, Geist, Bewusstsein und Information sind danach nicht Epiphänomene der Materie, wovon die klassisch materielle Wissenschaft die längste Zeit ausging und überwiegend immer noch ausgeht, sondern Materie Ausdruck einer nicht physischen Dimension der Wirklichkeit.

Diese Dimension wäre eine Struktur der als Wellen in der Superposition sich befindlichen unendlichen Möglichkeiten, aus denen sich durch den Akt der Beobachtung oder Messung, auf die der Wellenkollaps folgt, die jeweilige faktische Realität perpetuiert.

Die von uns vorgefundene Welt wäre danach das Ergebnis des seit Jahrmillionen in jedem Augenblick in unendlicher Größenordnung vom Bewusstsein getroffenen Entscheidungen und vorgenommenen Messungen bzw. Beobachtungen.[6]
Entscheidend für unser Vorhaben ist insoweit, dass Information neben Energie und Materie grundsätzlich als wesentlicher Teil der Wirklichkeit verstanden und beschrieben wird und Bewusstsein eine entscheidende Rolle dabei spielt, was wir als Realität erleben.

Damit ist auf der Grundlage der Quantenphysik ein Verständnis von Wirklichkeit beschrieben, das die

---

[6] Hieran schließt sich freilich die Frage an, wo das Bewusstsein vor dem Auftreten des Menschen zu verorten war. Dies darf durchaus als Hinweis darauf verstanden werden, dass Bewusstsein eine Dimension haben muss, die über den einzelnen Menschen hinausweist, worauf noch einzugehen sein wird.

hier vertretene Grundthese in den Bereich des Denkbaren hebt, wonach Prozesse innerhalb klassischer, zumindest organischer (belebter) Materie, über unser Bewusstsein mit dem geistigen Phänomen „Information" adressier- und beeinflussbar ist und das nichtlokal und superluminar.

Die entscheidende Frage ist nicht mehr, ob die Wirklichkeit „lokal" und „objektiv" ist oder erst durch den Vorgang der Messung bzw. Beobachtung entsteht, sondern diejenige, wie die bewiesene Nichtlokalität und Superluminalität der Wirklichkeit mit der von uns sinnlich beobachteten Realität in der Raum-Zeit-Entfaltung zu erklären und zur Deckung zu bringen sind.

In jüngster Zeit haben Brigitte und Thomas Görnitz (Thomas u. Brigitte Görnitz, Von der Quantenphysik zum Bewusstsein; Kosmos, Geist und Materie, Springer-Verlag Berlin Heidelberg 2016) in Fortführung der bereits von Carl Friedrich v. Weizäcker, dessen Schüler und Assistent Thomas Görnitz war, als Quantentheorie der Uralternativen formulierten Gedanken

(https://de.wikipedia.org/wiki/Quantentheorie_der_Ur
-Alternativen) eine als „Protyposis" bezeichnete
Quantenstruktur aus „bedeutungsfreier Information"
beschrieben, aus der in Begegnung mit Bewusstsein
neben Materie und Energie bedeutungsvolle Information entstehen kann.

Und schließlich beschreibt der Naturphilosoph Imre
Koncsik in seiner Auseinandersetzung mit künstlicher Intelligenz (KI) den menschlichen Geist bzw.
das Bewusstsein als eine die klassische Materie und
Energie in der Raum-Zeitentfaltung überlagernde
und mit diesen „verschränkte" höherdimensionale
fraktale Quantenstruktur (Imre Koncsik, Die Entschlüsselung des Geistes; Auf dem Weg zur echten
KI, Cuvillier Verlag Göttingen, 2020). Hierauf wird im
Zusammenhang mit der Bedeutung von Feldern
noch einzugehen sein.

Entscheidend für die hier vorgestellte Methode ist,
dass aus quantenphysikalischer Sicht die von ihr
entdeckten Eigenschaften der Materie und Phänomene wie Quantenverschränkung und Quantenwillkür ohne die Einbeziehung geistiger Phänomene wie

Bewusstsein, Beobachtung und Information nicht zu erklären sind.

Die gegenwärtige Situation in der Naturwissenschaft im Hinblick auf Bewusstsein und Information als valente Größen des Universum und der Wirklichkeit stellt sich nach den beschriebenen jüngsten Entwicklungen, z.B. die Beschreibung von Protyposis durch Görnitz (a.a.O.) und die Berechnung der in der klassischen Materie enthaltenen Information durch Vopson (a.a.O.) so dar, dass die nichtphysischen Phänomene Bewusstsein und Information Eingang in die Physik gefunden und diese sich so letztlich der Metaphysik geöffnet, bzw. sich bisher der Metaphysik zugerechnete geistige Phänomene wie Bewusstsein und/oder Information einverleibt und die bis dahin bestehende scharfe Trennung zwischen Physik und Metaphysik in Frage gestellt oder bereits aufgehoben hat. Betrachtet und versteht man das Universum als ein System oder einen Organismus der alles beinhaltet und umfasst, was ist, dann spricht mehr für ein holistisches Verständnis, das dem Anspruch an eine widerspruchsfreie vollständige Beschreibung nur unter Aufhebung der bisher zwischen Physik und Metaphysik, aber auch teilweise zwischen Philosophie und Metaphysik bestehenden Grenzen gerecht werden kann. Eine Physik, die den Anspruch an die Weltformel nicht preisgeben möchte, kann im Angesicht der Bedeutung von Bewusstsein und Information für die Wirklichkeit nicht an der Grenze der klassischen Materie Halt machen. Andererseits verlieren die bisher für Fragen der Metaphysik überwiegend zuständigen Religionen und die Philosophie durch die Öffnung der Naturwissenschaft für nicht klassisch materielle Phänomene wie Bewusstsein und Information den Alleinvertretungsanspruch für alles Metaphysische.

Nach ihrem bisherigen Verständnis und Selbstverständnis hat die Physik mit der Feststellung und Beschreibung der quantenphysikalischen Gegebenheiten einschließlich der sich ihr eröffnenden Merkwürdigkeiten die Welt der Materie erschöpfend beschrieben, ohne damit ebenso erschöpfend gleichzeitig die Welt der Wirklichkeit oder die Wirklichkeit der darin herrschenden Phänomene vollständig beschrieben zu haben. Nach den jüngsten Entwicklungen, wie sie in den Veröffentlichungen z.B. von Görnitz und Vopson Ausdruck finden, zeigt sich die Physik und Mathematik offen und auch potent für die naturwissenschaftliche Beschreibung geistiger Phänomene wie Information und Bewusstsein.

Es war und ist die Quantentheorie, die Bewusstsein und Information neben Materie und Energie als wesentliche Phänomene im Realprozess beschrieben hat von denen allerdings am Ende die entscheidenden formgebenden Impulse ausgehen könnten.

Aber auch wenn man Information und Bewusstsein als mathematisch und/oder physikalisch berechenbare Bestandteile der Wirklichkeit und des Universums versteht, bleibt die Frage im Raum, in welchem Verhältnis sie zu klassischer Materie und Energie stehen und welche Dimension letztlich das sinnhafte Zusammenspiel der am Realprozess beteiligten Phänomene steuert.
Wo diese Dimension zu suchen und zu finden sein könnte wurde bereits von der Quantentheorie selbst mit den Versuchen angedeutet, das seltsame Ver-

halten von Elementarteilchen unter Heranziehung von Feldern zu erklären.[7]

.

---

[7] Heisenberg, Bohr: „Stellvertreterwelle" (vgl. Herbert, a.a.O. S. 163), Einstein, Schrödinger: Führungswelle (z.B. vgl. Herbert a.a.O., S. 162)

Felder, höhere Raumdimensionen und Bewusst-
sein

Die von Brigitte und Thomas Görnitz unter dem Begriff der Protyposis, von Imre Koncsik zur Doppel-
struktur der Wirklichkeit von Materie und Energie
einerseits und eine diese überlagernde fraktale
Quantenstruktur andererseits und von Ruppert
Sheldrake zu morphogenetischen Feldern formulierten Thesen legen ein Welt- und Wirklichkeitsver-
ständnis nahe, in dem die von uns als objektiv
wahrgenommene Welt nicht das objektiv (Vor-
)Gegebene ist, sondern Ausdruck nicht materieller
Strukturen, die Träger aller Informationen sind, an
denen wir als geistige Wesen teilhaben und die alle
Möglichkeiten beinhalten, von denen sich schließlich
jeweils diejenige perpetuiert, die sich als die von
dem am Mess- bzw. Beobachtungsprozess beteiligten Bewusstsein „gemessene" erweist.

Die von uns als objektiv wahrgenommene Welt ist
dabei also „nur" diejenige, die sich unter den unendlich vielen Möglichen im Raum-Zeit-Gefüge verwirk-

licht hat, wobei sich der dahin führende Prozess unserer unmittelbaren Wahrnehmung verschließt.

Vor diesem Hintergrund beschreibt etwa der amerikanische Physiker Thomas Warren Campbell die von uns sinnlich wahrgenommene Realität als „virtual reality" (Virtuelle Realität) (vgl. Campbell, Thomas Warren, MY BIG TOE - Meine Grosse Theorie von allem - Buch 1 – 3, 2. Auflage Taschenbuch – 19. November 2018).

Die unendlich vielen Möglichkeiten sind getragen von der Struktur, die auch schon von der ersten Generation der Quantenphysiker als Felder bezeichnet wurden (vgl. Herbert a.a.O.), die von Sheldrake als morphogenetische Felder und die neuerdings als Protyposis bezeichnet wurden (vgl. Görnitz a.a.O.). Entscheidend für unser Vorhaben ist die Erkenntnis, dass ohne Bewusstsein (Beobachtung/Messung) aus den Möglichkeiten keine Realität wird und wir als bewusste und selbstbewusste Wesen, möglicherweise die Schnittstelle bilden zwischen den die unendlichen Möglichkeiten und alle Information tragenden Strukturen (Feldern) und der manifestierten

Materie, in der unsere Existenz angesiedelt ist. Jeder Mensch kann, so die sich aus seiner beschriebenen Eigenschaft als Schnittstelle zwischen den den Realprozess gestaltenden Ebenen ergebende These, grundsätzlich Zugriff auf die Daten der Informationsebene bekommen. So wird denk- und erklärbar, dass Prozesse innerhalb der Materie, jedenfalls organischer (belebter) Materie, bis hin zu ihrer Manifestierung, mit menschlichem Bewusstsein beeinflusst und gesteuert werden können und werden.

Ein Schlüssel zum Verständnis der Bedeutung von Information für Prozesse in und mit Materie und Energie und damit für das Verständnis von **Natürlich Synergetischem Weinbau NSW** ist das Phänomen von Feldern. Erst diese Dimension ermöglicht den nicht klassisch physischen Zugang zur nicht mehr nur physischen Wirklichkeit.

1981 veröffentlichte der englische Mikrobiologe Rupert Sheldrake sein Buch *Das Schöpferische Universum (a.a.O.)* im englischen Original unter dem Titel *A New Sience of Life (Blond&Briggs Limited,*

London), in dem er umfassend das Phänomen der morphogenetischen Felder beschrieb. Morphogenetische Felder sind danach die eigentlich formgebenden Ursachen im Universum. Sie sind passiv in dem Sinne, dass sie ein Speicher für alle Arten von Informationen sind. Durch die Einwirkung von Bewusstsein entsteht daraus ein aktives morphogenetisches also formgebendes Feld. Jedes Teilchen, jedes Ding, jeder Organismus, von der kleinsten bis zur größten Einheit im Universum hat laut Sheldrake sein eigenes morphogenetisches Feld. Dieses morphogenetische Feld korrespondiert jeweils und zwar in beide Richtungen mit dem ihm zugehörigen Phänomen in der physischen Welt.

Diese Felder entsprechen nach dem diesem Text zugrundeliegenden Verständnis den von Rudolf Steiner als *Ätherleib* oder *Lebensleib* beschriebenen (vgl. etwa Rudolph Steiner, Wie erlangt man Erkenntnisse der höheren Welten?, Rudolf Steiner Verlag, Basel, Taschenbuchausgabe, 14. Auflage 2019, S. 116ff.), den von Jeff Love als *paramagnetische Felder* bezeichneten Phänomenen, die er wiederum mit *„in anderen metaphysischen Systemen* *als Ätherleib"* bezeichneten Phänomen gleichsetzt (Jeff Love, Die Quantengötter, Rowohlt Taschenbuchverlag, Reinbek bei Hamburg, 1987, S. 190ff) und den von David R. Hawkins als Attraktorenfelder bezeichneten Phänomenen (D.R. Hawkins, a.a.O.). Und sie entsprechen der bereits erwähnten, von Thomas und Brigitte Görnitz als *Protyposis* bezeichneten einfachsten Strukturen im Universum (Görnitz, a.a.O.). Protyposis ist danach eine Struktur aus abstrakten bedeutungsfreien Bits von Quanteninformation (AQI-Bits), die als Basis der kosmischen Evolution angesehen werden und die gemeinsame Grundlage von Materie, Energie und Information darstellen. Durch Protyposis ist grundsätzlich eine Wechselwirkung zwischen Geistigem und Körperlichem möglich, eine Wechselwirkung der Protyposis mit sich selbst

(vgl. Görnitz a.a.O. und https://anthrowiki.at/Protyposis). Mit dem Phänomen der Protyposis, die neben Materie und Energie bedeutungsvolle Information hervorbringen kann, wird Information nicht nur theoretisch als valente Größe in den Realprozess eingeführt. Görnitz stellt für die Beschreibung von Protyposis auch eine mathemati-

sche Formel vor, wodurch Protyposis und mit ihr
neben Materie und Energie, ebenso wie durch die
von Vopson berechnete in klassischer Materie vorhandenen Information (vgl. Vopson a.a.O.), Information zum Teil der Naturwissenschaft wird.*
Görnitz' Beschreibung der Protyposis geht von einer
Quantenstruktur aus bedeutungsfreier Information
aus, aus der schließlich im Prozess der kosmischen
Evolution durch die Begegnung mit Bewusstsein
Materie, Energie und bedeutungsvolle Information
werden kann. Protyposis, die sich als Bewusstsein
gestaltet, ist bedeutungsvolle Quanteninformation,
die sich selbst erlebt und kennen kann (vgl. Görnitz
a.a.O., S. 739). Da Materie, Energie und Information
als Ausdruck von Protyposis äquivalent nebeneinander stehen und sich damit das eine in das andere verwandeln kann, wird Bewusstsein als bedeutungsvolle Quanteninformation als Wirklichkeit in
Form von Energie und/oder Materie formende Größe versteh- und erklärbar.

Protyposis gleicht derjenigen Struktur, die Sheldrake
als morphische Felder bezeichnet, die in der Begeg-

nung mit Bewusstsein zu morphogenetischen, also formgebenden Feldern werden.

Morphische Felder oder Protyposis wären danach die Vorstufe der bereits mit Bedeutung geladenen morphogenetischen Felder oder bedeutungsvolle Information.

Die morphogenetischen Felder sind laut Sheldrake nicht energetischer Natur, vergleichbar etwa mit dem Bauplan eines Hauses (Sheldrake, a.a.O. S. 113f), und sie sind hierarchisch in dem Sinne, dass morphogenetische Felder einer höheren Ebene im Stande sind, die Anordnung der Teile oder Module, aus denen sie bestehen, zu koordinieren (Sheldrake, a.a.O., S.117).

Der deutsche Quantenphysiker Hans-Peter Dürr sieht die morphogenetischen Felder dagegen im Niedrigenergiebereich angesiedelt (vgl. Rupert Sheldrake in der Diskussion, herausgegeben von Hans-Peter Dürr und Franz-Theo Gottwald, Scherz Verlag Bern, München, Wien 1999, S. 224 ff.), der indisch-amerikanische Quantenphysiker Amit

Goswami mit Sheldrake im nichtenergetischen Bereich (Ruppert Sheldrake in der Diskussion, a.a.O., S. 204 ff.). Laut Jeff Love (a.a.O.) besteht der Körper neben Materie *„auch aus paramagnetischen Energiefeldern, die sublimierend auf die Materie wirken und den physischen Körper in der uns bekannten Form aufbauen. Diese Energiefelder wirken danach als Schablonen, die jeden Entwicklungsschritt im Wachstum des Körpers lenken, und als Grundstrukturen für seine komplexen Funktionen.“*

Unabhängig davon, ob die morphogenetischen (oder Attraktorenfelder oder paramagnetischen) Felder oder Protyposis als energetisch oder nichtenergetisch verstanden werden, besteht unter den Autoren, die von der Existenz von Feldern ausgehen, Einigkeit darüber, dass diese Träger von Information sind auf eine Weise, die hier als feinstofflich verstanden wird. Die morphogenetischen Felder kommunizieren auf diese Weise mit dem ihnen zugeordneten physischen Phänomen und dies in beide Richtungen. Das morphogenetische Feld *formt* so das physische Phänomen und dieses *informiert* das morphogenetische Feld.

Allerdings sind morphogenetische Felder, jedenfalls für die meisten Menschen, unsichtbar. Und dies auch dann, wenn man mit Rudolf Steiner davon ausgeht, dass *hellsehende* Menschen den Ätherleib sehen können (Steiner, a.a.O.) und es Menschen gibt, die davon berichten, dass sie die Aura anderer Menschen, die dem Ätherleib im Denken von Steiner entspricht, erkennen können. Und es gibt die Kirlianfotografie (https://de.wikipedia.org/wiki/Kirlianfotografie) von der teilweise angenommen wird, dass es sich bei den damit fotografierten Phänomenen um die Aura handelt, bzw. mit dieser Technik die Aura fotografiert werden kann.

Eine Erklärung dafür, weshalb die Aura von Menschen tatsächlich für manche sichtbar sein kann, könnte das elektromagnetische Feld sein, das alle lebenden Körper aufgrund der darin permanent ablaufenden elektrischen Vorgänge bilden und das Photonen aussendet und empfängt, die sich im normalerweise für Menschen unsichtbaren Wellenlängenbereich bewegen, für manche besonders wahrnehmungsbegabte Menschen aber sichtbar sein könnten.

Der stärkste tatsächliche Hinweis auf das Vorhandensein morphogenetischer Felder und darauf, dass sie die eigentlich formgebenden Ursachen im Universum sind, sind bisher, neben der in der Quantenphysik beschriebenen Welleneigenschaft der Elementarteilchen und den darauf aufbauenden Feldtheorien, allerdings die von Sheldrake durchgeführten Experimente und die darauf gründenden empirischen Belege (Sheldrake, a.a.O.).

Wie aber haben wir uns ein morphogenetisches Feld vorzustellen, das die beschriebenen Eigenschaften hat und die formgebende Ursache für die materiellen Phänomene im Universum sein soll und darüber hinaus über das Bewusstsein adressierbar ist? Wie ist es denk- und vorstellbar, dass ein nach klassischem Verständnis nichtphysisches Phänomen Materie formen und verändern und über das Bewusstsein angesteuert und beeinflusst werden kann?

Dass Materie von nicht physischen Phänomenen beeinflusst wird, wurde von der Quantenphysik, am eindrucksvollsten wohl mit dem Doppelspaltexperiment und dem Phänomen der Quantenverschränkung (Bellsche Ungleichung) bewiesen. Offen, jedenfalls aber nach wie vor umstritten ist, wie die Information von einem Elementarteilchenzwilling zu seinem Geschwister gelangt, das sich in Lichtgeschwindigkeit von ihm entfernt. Was macht die Verschränkung der Quanten aus, was ist Verschränkung?

Was im Zusammenhang mit der Quantenverschränkung neben allen anderen Besonderheiten ins Auge fällt und für das Verständnis der hier beschriebenen Methode wesentlich ist, ist der Umstand, dass im Zusammenhang mit der quantenphysikalischen Beschreibung von Materie, Realität und Wirklichkeit die Dimension der *Information* auftaucht. Zwei Partikelzwillinge rasen in Lichtgeschwindigkeit in entgegengesetzter Richtung durch den Raum, an einem Partikel wird etwas verändert und ohne jegliche zeitliche Verzögerung verändert sich dieselbe Eigenschaft beim anderen Partikel.

Herkömmlich gedacht fragt man sich, wie kommt die *Information* der Veränderung einer Eigenschaft ohne zeitliche Verzögerung vom einen zum anderen Partikel? Insbesondere, wo doch angeblich (wenn Einstein sich nicht geirrt hat, wofür wenig spricht) nichts im Universum schneller ist als Licht. Und wieso verändert sich der Zwillingspartikel dann auch noch in gleicher Weise wie sein Geschwister? Fakt ist, dass ein nichtphysisches Phänomen wie *Information* offensichtlich verändernd auf die kleinste bisher bekannte Einheit der Materie, ein Elementarteilchen, einzuwirken in der Lage ist. Und das nichtlokal und superluminal.

Das große Rätsel in der Quantentheorie ist nach wie vor die Frage, wie es, wenn man die Relativitätstheorie für zutreffend hält, möglich sein kann, dass es superluminale Phänomene geben könnte, die die Wirklichkeit und Realität bedingen oder beeinflussen. Relativitätstheorie und Quantentheorie galten daher die längste Zeit als miteinander unvereinbar. Entweder hat die Quantentheorie Recht und die Wirklichkeit ist nichtlokal und superluminal oder die Relativitätstheorie hat Recht und die Wirklichkeit ist lokal, und superluminale Phänomene sind nicht existent. Und obwohl die Quantentheorie und mit ihr die Quantenverschränkung als bewiesen gelten, stand lange Zeit keine Erklärung für die damit festgestellte Superluminalität und Nichtlokalität der Wirklichkeit zur Verfügung.

Es war Richard Buckminster Fuller, 1895 – 1983, der als Erster das Nebeneinander zweier sich überlagernder und miteinander kommunizierender Strukturen beschrieben hat, die zudem unterschiedlichen Gesetzmäßigkeiten unterliegen. (*vgl. Richard Buckminster Fuller, Synergetics. Explorations in the Geometry of Thinking (mit E. J. Applewhite),. Macmillan, New York 1975/1979*)). In seiner Vorstellung überlagert eine von vier- und höherdimensionalen Strukturen gebildete nicht energetische fraktale Raumstruktur, die nicht den Gesetzmäßigkeiten von $e=mc^2$ gehorcht, die von der Relativitätstheorie beschriebene dreidimensionale physikalische Raumzeitstruktur, und beide Strukturen kommunizieren miteinander.

Nach dem Verständnis von Fuller stehen die Relativitätstheorie und die Quantentheorie daher nicht im Verhältnis eines Entweder-Oder zueinander unvereinbar im Widerspruch, sondern sind zwei in sich stimmige, vollständige und widerspruchsfreie Beschreibungen der von ihnen adressierten Phänomene, die einerseits unterschiedliche Dimensionen im Universum betreffen, aber was Ursache und Wirkung betrifft, miteinander in Verbindung stehen und sich gegenseitig beeinflussen.

Die kleinste Einheit der von Fuller beschriebenen Raumstrukturen ist als kleinster vierdimensionaler Körper der Tetraeder.**

Da das Raum-Zeit-Kontinuum mit den ersten 3 Dimensionen und der Zeit als 4. Dimension erschöpfend und widerspruchsfrei beschrieben sind, bildet der Tetraeder und alle anderen vier- und höherdimensionalen Körper und die aus ihnen gebildeten Strukturen etwas anderes, als dreidimensionale Körper oder die Dreidimensionalität. Die ersten 3 Dimensionen und die Zeit definieren und beschreiben die Dimension der Materie und der Energie. Die dort geltenden Gesetze wurden von Einstein in der Relativitätstheorie beschrieben und in der Formel e=mc² ausgedrückt. Die Vierte und höhere Dimensionen verhalten sich daher nicht zu der Dimension der Materie und zum Raum-Zeit-Kontinuum. Sie betreffen andere Dimensionen der Wirklichkeit. Und diese anderen Dimensionen der Wirklichkeit sind nicht klassisch physisch. Die klassisch physische Dimension der Wirklichkeit ist mit den drei ersten Dimensionen und der Zeit erschöpfend beschrieben. Die vierte und höhere Raumdimensionen beschreiben oder betreffen also etwas, das über das klassisch Physische hinausgeht und nicht oder jedenfalls nicht mehr nur physisch ist, sich also nicht oder nicht mehr nur zur klassisch physischen Dimension der Wirklichkeit verhält.

Sie sind die Dimensionen des Nichtphysischen oder Metaphysischen. Diese Dimensionen sind so wirklich wie das Raum-Zeit-Kontinuum der Materie, mit dem Unterschied, dass sie für unsere Sinne nicht wahrnehmbar sind.

Unser Problem mit 4- und höherdimensionalen Körpern und Strukturen und einer zutreffenden Vorstellung davon, ist der Umstand, dass wir selbst in der 3-Dimensionalität leben und seit Menschengedenken 3-dimensional wahrnehmen und denken. Wir sind, was unsere sinnliche Wahrnehmungsfähigkeit betrifft, dreidimensionale Wesen. Ebenso wenig, wie ein zweidimensionales Wesen, dessen Dasein sich auf eine Fläche beschränkt, einen dreidimensionalen Körper als solchen erkennen kann oder ein eindimensionales Wesen, das sich als Punkt auf einer Linie hin und her bewegt, eine Fläche, können wir 4-dimensionale Körper in ihrer 4-Dimensionalität erkennen.

Ein zweidimensionales Wesen, ein Wesen also, das ausschließlich in der Fläche lebt und dessen Wahrnehmung auf Phänomene in der Fläche beschränkt ist, nimmt zum Beispiel eine Kugel, die die Fläche von oben nach unten durchquert, nicht als Kugel, sondern zunächst als Punkt wahr, der sich zur Linie ausdehnt, bevor er, kurz vor dem Verlassen der Ebene nach unten, wieder als Punkt erscheint.

Uns als dreidimensionale Wesen ergeht es mit der vierten und höheren Dimensionen wie dem Flachländer mit der Kugel. Wir können die über unsere eigenen hinausgehenden Dimensionen sinnlich nicht erkennen. Darstellen lassen sie sich nur in Form von Gitterzeichnungen und animierten Modellen. Uns bleibt also vorläufig nur, uns die Vierte und höhere Raumdimensionen zu denken.

Gedanklich ist jede höhere Dimension die Vervielfältigung der darunterliegenden niedrigeren in die neue Dimensionsrichtung. So ist die 1. Dimension, die Linie, die Vervielfältigung der nullten, des Punktes, in Richtung der neuen Dimension der Linie, die 2. Dimension, die Fläche, die Vervielfältigung der Linie in Richtung der neuen Dimension Fläche und die 3. Dimension, der dreidimensionale Raum, die Vervielfältigung der Fläche in Richtung der neuen Dimension Raum. Danach ist die 4. Raumdimension die Vervielfältigung 3-dimensionaler Körper in Richtung der neuen Dimension des jeweiligen 4-dimensionalen Körpers. Diese 4. Dimension wird im Koordinatenkreuz mit der 4. Achse, der W-Achse, beschrieben.

Damit verfügen wir zwar über eine schlüssige Beschreibung der 4. Raumdimension, allerdings immer noch, ohne sie sehen zu können. Dazu bräuchten wir die Organe für 4-dimensionales Sehen, die wir nicht haben. Um 4-dimensional sehen zu können bräuchten wir ein 3. Auge. Jetzt, wo wir bereits 4- und höherdimensionale Räume denken können, ist allerdings nicht auszuschließen, dass es dereinst den dreiäugigen Menschen (homo sapiens ter luscus) geben wird. Bis dahin bleibt nur, uns die 4. und höhere Raumdimensionen zu denken und über die Hilfe der Gitterzeichnung und anderer Modelle vorstellbar zu machen. Sinnlich erfahren können wir sie nicht; möglicherweise aber geistig.

Stellen wir uns einen 4. oder höherdimensionalen Körper z.B. mit Hilfe einer Gitterzeichnung vor und nehmen wir an, dass der Raum erfüllt ist von ihn strukturierenden 4. und höherdimensionalen Raumstrukturen, die wir nicht sehen können, zeigt sich das Bild eines Fluidums oder Gewebes, in dem die klassische Materie sich aufhält, von dem sie umgeben und durchdrungen ist. Plötzlich ist der uns um die materiellen 3-dimensionalen Körper herum leer erscheinende Raum strukturiert und diese Körper von dieser Struktur durchzogen. Uns eröffnet sich so eine neue Sichtweise des Universums, in dem alles mit allem über die beschriebenen Raumstrukturen verbunden und von diesen durchwoben ist. Da die 4. und höhere Raumstrukturen nicht der Dimension der Materie und dem Raum-Zeit-Kontinuum angehören, stoßen wir uns nicht an den höherdimensionalen Strukturen, ebenso wenig wie diese an uns und Materie generell. Die 4. und höherdimensionalen Strukturen können jede Wand und jede geschlossenen Tür, ebenso wie jeden beliebigen 3-dimensionalen Körper problemlos durchqueren, ohne den geringsten Anstoß an ihm zu nehmen und umgekehrt. Das ist die Natur der 4. und höherer Raumdimensionen (vgl. Rudi Rucker, Die Wunderwelt der Vierten Dimension, Droemersche Verlagsanstalt Th. Knaur Nachf., München,1991). Sie betreffen nicht die Physis und sind nicht begrenzt auf das Raum-Zeit-Kontinuum. Weder bedingt, noch begrenzt dieses sie. Sie sind nach dem bisherigen Verständnis von Physik und Metaphysik geistiger oder metaphysischer Natur. Sie sind der wahre Gegenstand der Geisteswissenschaft.

Wären wir selbst 4- oder höherdimensionale Wesen oder hätten (bereits) ein echtes drittes Auge, könnten wir die 4- und höherdimensionalen Strukturen erkennen und verstehen, so wie wir als Körperwesen der 3. Dimension die Vorgänge in der 2. Dimension, der Ebene, der 1. Dimension, der Linie und der 0. Dimension, dem Punkt erkennen und verstehen können, ganz im Gegensatz zu den Bewohnern dieser aus unserer Perspektive niederen Dimensionen. Oder wir müssten *hellsehen* können, wie Rudolph Steiner es von sich annahm, der seine Erkenntnisse der *höheren Welten* auf eben diese hellseherischen Fähigkeiten gründete.

Entscheidend im Hinblick auf uns Menschen, die wir nicht über ein echtes Drittes Auge verfügen und auch nicht hellsehen können, ist die Frage ob und wenn ja, wie wir Teil der mit der 4. Raumdimension beschriebenen geistigen Dimension der Wirklichkeit sind.

Dass wir uns auch ohne hellseherische Fähigkeiten als geistige Wesen begreifen können, lässt sich möglicherweise auch nur mit unserer Denkbegabtheit und Emotionalität begründen. Und die werden von der klassisch materialistischen Wissenschaft als Epiphänomene der Materie verstanden und beschrieben. Seit dem Auftreten der Quantenphysik wissen wir allerdings, dass das rein materialistische Welt- und Menschenbild obsolet ist.

Um aufzeigen zu können, dass und wie wir aktiv an der 4. Raumdimension teilhaben, ist es erforderlich, aufzuzeigen, dass und wie unsere Geistigkeit als Menschen wirkt und wirkmächtig wird jenseits ihres Verständnisses als Epiphänomen der Materie.

Dass es sich bei uns Menschen um geistige Wesen handelt, bzw. das menschliche Dasein auch eine geistige Dimension besitzt, dürfte zum Selbstverständnis der meisten von uns gehören. Was diese geistige Dimension ist und was wir darunter verstehen, darüber dürften die Anschauungen allerdings erheblich auseinandergehen.

Zugang zu der geistigen Dimension des Menschseins gewährt uns der Blick nach innen auf uns selbst. Denn unser Selbstbewusstsein[8] erweist sich als das Ergebnis des rein geistigen Vorgangs der Selbstreflexion.

In dieser Selbstreflektion reflektieren wir in einem sich ständig wiederholenden Vorgang auf uns selbst. Gleichzeitig entzieht sich unser Selbst in diesem Prozess ständig unserer Reflexion auf es. Da wir unser Selbst so nie zu fassen bekommen, entsteht auf dieser Ebene der Selbstreflexion allerdings noch kein Selbstbewusstsein. Dieses entsteht erst auf der nächst höheren Ebene der Reflexion, in der wir unsere Reflexion auf uns selbst zum Gegenstand unserer Reflexion machen. Hier wird unsere Reflexion auf uns selbst, in der sich unser Selbst permanent unserem Zugriff entzieht, zum Objekt unserer Reflexion. Wir reflektieren jetzt über uns selbst als über uns selbst reflektierende Wesen, deren Selbst sich permanent entzieht und unserem denkenden Zugriff verweigert. Hier haben wir unser Selbst als dynamischen ins unendliche iterierenden Prozess zum Objekt. Hier und so werden wir uns

---

[8] Selbstbewusstsein in dem Sinne, dass wir uns unserer Selbst bewusst sind

selbst als reflexive sich selbst durchdringende Wesen bewusst und gewiss (vgl. zum Ganzen Gotthard Günther: Metaphysik, Logik und die Theorie der Reflexion, in: www.vordenker.de (Edition: Sommer 2004), J. Paul (Ed.), URL: <http://www.vordenker.de/ggphilosophy/gg_metaph-logik-refl.pdf > — Erstveröffentlichung in: Archiv für Philosophie Bd. 7, 1957, p. 1-44).

Entscheidend ist, dass wir uns in diesem Verständnis unseres Selbst und unseres Selbstbewusstseins als Wesen zu begreifen in der Lage sind, deren Selbstkern, also der Kern ihrer Identität, das Ergebnis eines rein geistigen Prozesses ist, der zudem von dem es hervorbringenden Selbst selbst gesteuert wird. Unser Selbst ist das Ergebnis von selbstbezüglichen sich in einer rein geistigen Dimension ereignenden Prozessen, die sich freilich unseres neuronalen Systems bedienen, deren Ausdruck sie sind und die mit unserem Selbst wechselwirken.

Damit ist die geistige Dimension unseres Selbstbewusstseins beschrieben, noch nicht jedoch unsere

Teilhabe an den beschriebenen 4- und höherdimensionalen Raumstrukturen.

Um die Möglichkeit der mentalen Einflussnahme auf Prozesse in jedenfalls organischer (belebter) Materie darstellen zu können, müssen wir aufzeigen können, dass und wie wir als Menschen mit den 4- und höherdimensionalen Strukturen bzw. Feldern verbunden sind, bzw. an diesen Dimensionen aktiv teilhaben.

Grundsätzlich sind wir Menschen in der Natur als mit Bewusstsein und Selbstbewusstsein ausgestattete körperliche und geistige Wesen die Schnittstelle zwischen Materie und Geist. Als solche haben wir über unser Bewusstsein Zugang zu der in der 4. und höheren Dimensionen angesiedelten geistigen Dimension der Wirklichkeit. Und dies selbst dann, wenn wir nicht über die Fähigkeit des Hellsehens oder ein ausgebildetes drittes Auge verfügen.

Um aber unsere Arbeitshypothese zu begründen, dass wir als Menschen dazu in der Lage sind, mit unserem Bewusstsein, bzw. mit geistiger Energie und/oder *Information* Prozesse in belebter der Materie zu beeinflussen oder zu bedingen, reicht es nicht aus, aufgezeigt zu haben, dass unser Selbst und unser Selbstbewusstsein aus dem beschriebenen rein geistigen Vorgang der Selbstreflexion hervorgeht und wir als geistige und materielle Wesen die Schnittstelle zwischen Geist und Materie sind. Wir benötigen neben dem Prozessor der Information, den wir mit unserem Bewusstsein und Selbstbewusstsein vorläufig hinreichend beschrieben haben, eine Schnittstelle über die und eine Trägersubstanz durch die oder mit der die Information in die 4. und möglicherweise höherdimensionale Strukturen der morphogenetischen bzw. Quantenfelder übertragen werden und von denen sie schließlich zu ihrem Bestimmungsort gelangen, an dem sie in unserem Sinne wirksam werden.

Mit dem klassischen Vorgang, der sich in unserem Gehirn abspielt, wenn wir denken, bei dem Synapsen feuern, indem sie Ionen austauschen, kann eine Wirkung außerhalb unseres Gehirns unmöglich beschrieben werden. Wir benötigen dafür einen Prozess in dem das im ERP Experiment und im Bellschen Theorem beschriebene Phänomen der Quantenverschränkung, also ein nichtlokaler und superluminaler Austausch von *Information,* zum Tragen kommt.

Wie kommt die Information aus dem Träger unseres Bewusstseins, dem Gehirn, heraus und findet seinen Weg zum Ziel? Die Antwort könnte lauten wie folgt: neben der klassischen Informationsverarbeitung in unserem Gehirn, die über das Feuern der Synapsen erfolgt, bildet unser Gehirn ein elektromagnetisches Feld, das die Schnittstelle zwischen der klassischen Informationsverarbeitung über die Synapsen und eine Informationsverarbeitung auf Quantenebene darstellt. Während die klassische Informationsverarbeitung über das Feuern oder nicht Feuern der Synapsen additiv, lokal und maximal in Lichtgeschwindigkeit verläuft, verläuft die Informationsverarbeitung auf Quantenebene multiplikativ, nicht lokal und superluminal, was die enorme Menge und Geschwindigkeit der Informationsverarbeitung in unserem Gehirn bei extrem niedrigem Energieverbrauch und gleichzeitiger relativer Langsamkeit der klassischen Prozesse zwischen den Synapsen erklärt.

In jüngster Zeit wurde im Experiment festgestellt, dass neben dem klassischen Feuern der Synapsen, sich schwache elektrische Felder mit einer Ausdehnung von einem Millionstel Meter (Mikrometer) im Spannungsbereich von 1/1000 Volt = 1 Millivolt um die einzelnen Nervenzellen bilden (https://cordis.europa.eu/article/id/33041-scientists-find-neurons-communicate-at-a-distance-with-electric-fields/de). Vom selben Phänomen berichtet der Neurologe Christian Koch (vgl. Koch, Christian, Bekenntnisse eines Hirnforschers, 2013, Springer, Heidelberg, S. 30f., 44, 378) unter der Bezeichnung lokales Feldpotential (LFP), das entsteht, wenn Zehntausende von Neuronen mit ihren Millionen von Synapsen aktiv sind und sich ihre Einzelwerte summieren, was bewirkt, dass dieses Potential auf einzelne Neuronen einwirkt und diese dazu zwingt, ihre Aktivität zu synchronisieren. Diese wechselseitige Interaktion zwischen der lokalen Aktivität von Neuronen und dem globalen Feld, von dem sie umgeben sind, unterscheidet sich nach Koch grundlegend von elektronischen Silizium-Schaltkreisen, deren Konstrukteure Drähte, Transistoren und Kondensatoren so anordnen, dass eine Wechselwirkung vermieden und „parasitisches" Übersprechen minimiert werden (zit. nach Görnitz, a.a.O., S. 774). Dieses Phänomen war seit längerem bekannt, wurde aber für eine überflüssige Nebenwirkung (Epiphänomen) des Feuerns der Synapsen gehalten. Nunmehr wurde festgestellt, dass Felder mit einer Stärke von gerade einmal einem Millivolt pro Millimeter das Feuern einzelner Neuronen signifikant verändern konnten (Spike-Field-Kohärenz). Eine erhöhte Spike-Field-Kohärenz kann dabei die zwischen den Neuronen übertragenen Informationsmenge sowie die Zuverlässigkeit erheblich vergrößern. Dies entspricht der bereits erwähnten und in der Neurowissenschaft etablierten Ansicht, dass die tatsächlich vollbrachte Informationsverarbeitung im Gehirn wegen der relativ langsamen Aktivität von Neuronen und Synapsen und dem vergleichsweise geringen Energiebedarf allein mit der klassischen Informationsverarbeitung nicht zu erklären ist. Das an den einzelnen Nervenzellen festgestellte elektrische Feld wäre danach zum einen für die extrem effiziente Informationsverarbeitung unseres Gehirns verantwortlich, das es für die multiplikative Datenverarbeitung auf Quantenebene ertüchtigt, zum anderen wäre das von unserem Gehirn erzeugte elektromagnetische Feld als Sender und Empfänger von Photonen eine geeignete Schnittstelle zwischen unserem Gehirn und 4- und höherdimensionalen Raumstrukturen, unabhängig davon, wie wir diese benennen.

Damit hätten wir zwar die Quantendimension der menschlichen Informationsverarbeitung beschrieben. Da unsere Arbeitshypothese allerdings lautet, dass wir mit unserem Bewusstsein, bzw. mit unserer geistigen Aktivität Prozesse zumindest in organischer Materie beeinflussen und/oder steuern können, benötigen wie ein überzeugendes Model, das das gegenseitig gestaltende Zusammenwirken unseres lokalen Bewusstseins mit anderen organischen Entitäten überzeugend darzustellen in der Lage ist. Ein solches Modell müsste in der Lage sein, aufzuzeigen, dass das menschliche Bewusstsein zumindest auch ein Quantensystem ist, das die Fähigkeit zur Verschränkung (ERP, Bellsches Theorem) mit anderen Quantensystemen besitzt.

Unstreitig ist bisher, dass Elementarteilchen, also Systeme im subatomaren Raum, Quantensysteme sind, die sich miteinander verschränken und so Information austauschen oder teilen können.

Ein Modell, das die Quanteneigenschaft von Makrosystemen belegt, liefert, im Hinblick auf das menschliche Bewusstsein, unter und neben anderen, der indisch-amerikanische Quantenphysiker Amit Goswami indem er den menschlichen Geist nicht nur als ein durch unser Gehirn generiertes Phänomen begreift und beschreibt, sondern als ein mehrschichtiges System bestehend aus unserem Gehirn und der 4- oder höherdimensionale Quantenstruktur des nichtlokalen Bewusstsein, die er als „Quanten-Geist" bezeichnet, der mit unserem (lokalen) „Gehirn-Geist" im Sinne einer „verwickelten Hierarchie" korreliert ist und wechselwirkt (vgl. Amit Goswani, Das bewusste Universum, Lüchow Verlag, Stuttgart 2007, S. 207 ff, 216). Er versteht unser Gehirn dabei einerseits als klassischen Messapparat, den wir zur Vergrößerung submikroskopischer materieller Objekte verwenden, um sie für uns sichtbar zu machen. Der klassische Gehirnapparat vergrößert danach

Objekte des Quanten-Geistes und zeichnet sie auf. Gleichzeitig versteht Goswani unser Gehirn aber auch als Quantensystem, das in der Lage ist, sich neben dem nichtlokalen Bewusstsein z.B. mit anderen Gehirnen im Sinne der Quantenverschränkung (Bellsches Theorem, ERP Experiment) zu korrelieren. Im Experiment nachgewiesen wurde die Verschränkung zwischen den Gehirnen zweier Personen, indem Probandenpaare zunächst miteinander interagieren durften. Dann wurden sie in semi-stillen Faraday-Kammern in einem Abstand von 14,5 m getrennt, während ihre EEG-Aktivität registriert wurde. Nur eine Person jedes Paares wurde durch 100 Blitze stimuliert. Wenn die stimulierte Person deutliche evozierte Potentiale zeigte, zeigte auch die nicht stimulierte Person "übertragene Potentiale", ähnlich denen, die in der stimulierten Person hervorgerufen werden. Kontrollpersonen zeigten keine solchen übertragenen Potentiale. Die übertragenen Potentiale zeigen eine nichtlokale EPR-Korrelation von Gehirn zu Gehirn zwischen Gehirnen, was die Quantennatur des Gehirns auf der Makroebene belegt (Grinsberg-Zylberbaum, J./Delaflor, M./Attie,

L./Goswami, A., The ERP Paradox in the Human Brain, 1992).

Das Verständnis und die Beschreibung unseres Gehirns als Quantensystem, das in der Lage ist, sich mit anderen Quantensystemen im Makrobereiche zu verschränken und damit Information superluminal und nichtlokal auszutauschen, ist für unsere Arbeitsthese, wonach Prozesse in zumindest organischer Materie durch unser Bewusstsein gesteuert werden können, von entscheidender Bedeutung, da sie eine schlüssige Erklärung für die Kernthese der hier beschriebenen Methode liefert.

Ausgehend von der Annahme, dass Realität grundsätzlich Ausdruck des mehrschichtigen Prozesses zwischen 4- und ggf. höherdimensionalen Quantenstrukturen und ihrer physisch- energetischen Faktizität sind, können sämtliche Makrosysteme im Universum als Quantensysteme verstanden werden, die grundsätzlich miteinander verschränkt sein können. Insbesondere gilt dies für Makrosysteme im Bereich organischer (belebter) Materie, also in Gestalt unserer Weinberge, Reben, Trauben und Weine.

So wird denkbar, dass wir dazu in der Lage sind, uns über unser Bewusstsein gezielt z.B. mit einem Weinberg zu verschränken und Information auszutauschen, bzw. zu teilen.

Außer dem zur Korrelation mit anderen Makroquantensystemen fähigen Quantensystem ist das Gehirn ein Messapparat, der mit dem nichtlokalen Bewusstsein korreliert ist und in der Weise wechselwirkt, dass es die vom nichtlokalen Bewusstsein ausgelösten Wellenkollapse misst bzw. aufzeichnet und gleichzeitig die dadurch entstehende Wirklichkeit bewusst zur Kenntnis nimmt. Da das Gehirn aber selbst sich in ständigem Wandel und in Entwicklung befindende perpetuierte Realität ist, wäre es selbst Ausdruck der vom nichtlokalen Bewusstsein ausgelösten Wellenkollapse. Da man eine Messung ohne Bewusstheit aber nicht vollständig zum Abschluss bringen kann, es ohne vollständigen Abschluss der Messung aber keine Bewusstheit gibt, beschreibt der Vorgang vordergründig einen Zirkelschluss (vgl. Goswani a.a.O., S.223). Tatsächlich verändert sich der Zustand eines Quantensystems aber auf zwei getrennte Weisen (John von Neuman, Die mathematischen Grundlagen der Quantenmechanik, Springer Verlag, Berlin Heidelberg New York, 1981). Zum einen befindet sich der Zustand eines Quantensystems dergestalt in einem kontinuierlichen Wandel, dass er eine Welle ausbreitet in der es zu kohärenten Überlagerungen sämtlicher potentieller Zustände kommt, die die Situation zulässt, von der jeder ein gewisses statistisches Gewicht hat, das ihm von seiner Wahrscheinlichkeitswelle verliehen wird und zum anderen bringt eine Messung eine diskontinuierliche zweite Veränderung des Zustandes mit sich (Goswani, a.a.O.). Am Ende bleibt als Ergebnis eines Selektionsprozesses ein einziger Aspekt übrig, der zur Realisation kommt. Dabei wählt unser (nichtlokales) Bewusstsein aus, mit welchem Ergebnis der Kollaps des Quantenzustandes unseres Gehirn-Geistes endet (Goswami a.a.O., S. 224). Da dieser Ausgang eine bewusste Erfahrung ist, können wir sagen, dass wir uns unsere bewussten Erfahrungen aussuchen, ohne uns allerdings der zugrundeliegenden Prozesse bewusst zu sein (Goswami a.a.O.). Deshalb ist es auch möglich, dass wir uns als Subjekte mit einem Bewusstsein und Selbstbewusstsein begreifen, die die Erfahrung des Selbst und des Selbstbewusstseins als von der Welt im Übrigen isoliertes Phänomen verstehen. Tatsächlich ist unser Bewusstsein und Selbstbewusstsein das Resultat eines selbstbezüglichen Prozesses der im Wege einer verwickelten Hierarchie zwischen unserem Gehirn-Geist, der als Gehirn klassische Materie ist und als Geist seinerseits ein mit diesem untrennbar verbundenes Quantensystem und dem nichtlokalen Bewusstsein abläuft, das am Ende die Entscheidung über den Wellenkollaps trifft, woraus neue Fakten entstehen, die wiederum sowohl unser Gehirn als neuronales Organ, als auch unser Bewusstsein durch eine neue bewusste Erfahrung verändern, die wiederum mit dem nichtlokalen Bewusstsein wechselwirkt, und das Infinitum.

In diesem Modell kommt auf wunderbare Weise einer der Hauptgedanken von Schellings Philosophie zum Ausdruck, wonach der Mensch Ausdruck der Sehnsucht der Natur nach Selbsterkenntnis ist (vgl. Friedrich Wilhelm Joseph von Schelling, Ausgewählte Schriften, Band I, Suhrkamp, Frankfurt am Main 1995), ohne, dass damals allerdings schon eine schlüssige Erklärung für die in dem Gedanken formulierte Selbstbezüglichkeit der Natur zur Verfügung gestanden hätte.

Soweit ersichtlich bisher am ausführlichsten beschreibt der Naturphilosoph Imre Koncsik das Wesen des menschlichen Geistes als mit unserem Gehirn korrelierte Quantenstruktur in seinem 2020 veröffentlichten Buch „Die Entschlüsselung des Geistes" (Koncsik a.a.O.) und in seinem auf YouTube am 12.8.2016 veröffentlichten Vortrag: „Quantentheorie des Geistes", in dem er sich mit dem Verhältnis von Geist und Materie und der Schnittstelle von Geist und Gehirn im Zusammenhang mit Fragen zur künstlichen Intelligenz (KI) beschäftigt (https://www.youtube.com/watch?v=akpOnJJw1rU). Die menschliche Informationsverarbeitung ist danach ein mehrschichtiger Prozess, der einerseits klassisch in unserem Gehirn in und zwischen den Neuronen abläuft und andererseits gleichzeitig in einem parallelen Quantenetzwerk, das aus 4-dimensionalen Quantenfraktalen besteht und der Sitz des menschlichen Geistes ist. Der Geist wäre danach ein komplexes Quantensystem, das im Unterschied zu einer klassischen Software relativ eigenständig ontologisch existieren kann.

Die vom menschlichen Gehirn geleistete Datenverarbeitung im Hinblick auf Geschwindigkeit und verbrauchter Energie ist, wie gesagt, allein mit dem klassischen Prozess feuernder Synapsen nicht zu erklären, was sich an dem Versuch zeigt, die Leistungsfähigkeit des menschlichen Gehirns mit einem Computer nachzubauen (Human Brain Projekt). Diese lässt sich allein vom Raum- und Energieaufwand für einen das menschliche Gehirn simulierenden klassischen Computer nicht darstellen. Der entscheidende Unterschied liegt in der Art der Informationsverarbeitung. Denn im Gegensatz zum menschlichen Gehirn ist die Informationsverarbeitung eines klassischen Computers oder Roboters linear und nur insoweit anpassungsfähig, wie der Programmierer dies erlaubt und programmiert hat. Ein Computer oder Roboter kann im Gegensatz zum menschlichen Gehirn oder auch einer einfachen Zelle nicht auf unvorhergesehene Ereignisse sinnvoll reagieren. Er stürzt ab.

Der Grund für die Adaptionsfähigkeit des menschlichen Gehirns liegt in der nicht rein klassischen Informationsverarbeitung. Das Gehirn verarbeitet Information zum einen seriell und gleichzeitig parallel.

Bei der visuellen Perzeption etwa erfolgt die Verarbeitung vom Einfall von Photonen auf der Netzhaut bis zur primären Sehrinde seriell und von da an bis zum präfrontalen Neokortex parallel. Bereits der Einfall von 2 - 5 Photonen, was einem Energiebetrag von der Größe des planckschen Wirkungsquantums, also der kleinsten Einheit, die im Universum irgendeine Wirkung auslösen kann, entspricht, löst auf der Netzhaut eine neuronale Aktivität aus, die schließlich im präfrontalen Neokortex, also dort, wo nach Ansicht z.B. der Anästhesisten auch unser Bewusstsein verortet wird, zu einem makroskopischen Sehereignis wird. Und dies mit im Vergleich zu einem klassischen Computer, der dasselbe zu leisten vermochte, extrem geringem Energie- und Zeitaufwand. Eine Sekunde Gehirnaktivität zu simulieren dauert hunderttausend Sekunden. Eine Sekunde Gehirnenergie zu simulieren, die das Gehirn in diesen Vorgang investiert, bedeutet das Millionenfache des

Energieaufwandes des Gehirns (Koncsik). Der entscheidende Unterschied zur klassischen Informationsverarbeitung ist laut Koncsik die im Gehirn bei der Informationsverarbeitung ablaufende Synchronisierung zwischen dem klassischen System der Neuronen und den 4-dimensionalen Quantenfraktalen. Diese fraktale Strukturen auf Quantenebene funktionieren wie Attraktoren, an denen sich der klassische Prozess der Informationsverarbeitung orientiert, bzw. die diesen steuern. So ist es möglich, dass 2 Menschen einerseits niemals dasselbe erkennen, wenn sie das gleiche betrachten, sich andererseits aber trotzdem darin einig sind, dass das ein Hund ist oder eine Ente, wenn sie einen Hund oder eine Ente betrachten. Der Attraktor des Quantensystems bietet beiden als aus der Evolution hervorgegangenes Muster z.B. die Möglichkeit Hund oder Ente an, wenn sie einen Hund oder eine Ente betrachten, mit dem dann das Ergebnis des individuellen Wahrnehmungsprozesses abgeglichen und aus den unendlich vielen anderen Möglichkeiten, die ebenfalls, aber mit anderer Wahrscheinlichkeit angeboten werden, Hund oder Ente als das letzten Endes am meisten Sinn ergebende System gewählt wird.

So kommt im Prozess der menschlichen Informationsverarbeitung die Dimension der Individualität und Kreativität einerseits und der Allgemeinverbindlichkeit, in der sich die Ergebnisse der Evolutionsgeschichte abbilden, andererseits, als Ergebnis einer mehrschichtigen Synchronisierung zwischen der klassischen Ebene der Neuronen und der Dimension der vierdimensionalen Quantenfraktale zur Geltung. Das Quantensystem ist dabei nicht ein lineares System, das ausschließlich den Gesetzen der zweiwertigen Logik folgt, sondern ein System von mehrwertiger oder Quantenlogik. Koncsik nennt diese Dimension in Anlehnung an Heisenberg den großen Ordner. Die Schnittstelle zwischen den beiden Systemen ist das elektromagnetische Feld (EMF). Vermittelt durch das EMF bildet sich in einem klassischen Organismus nicht nur ein höherdimensionales Fraktal ab, sondern werden die Prozesse im Organismus top down von der höherdimensionalen Quantenstruktur (großer Ordner) gesteuert. Voraussetzung dafür ist, *„dass das Quantensystem sich selber organisiert, sich selbst ordnet, das verschiedene Quantenhierarchien emergieren können, im-*

mer komplexere quantenfraktale Bits entstehen und dass diese fraktalen Bits quasi top down, also von oben nach unten das klassische System steuern." (Koncsik).

Verantwortlich für diese Art der Steuerung ist die Doppelnatur der klassischen Materie, die auch nach dem Wellenkollaps, der aus den unendlichen Möglichkeiten der Wellenstruktur eine kollabieren und zu klassischer Materie werden lässt, ihre Welleneigenschaft nicht verliert. Im Gegensatz zu den vor dem Wellenkollaps bestehenden unendlichen Möglichkeiten besteht die Welleneigenschaft und damit die Quantenstruktur danach nur für die tatsächlich kollabierte Welle fort. Diese Welle ist die Quantenstruktur der konkreten klassischen Materie. Sie entspricht dem hier zugrundeliegenden Verständnis dem von Sheldrake beschriebenen morphogenetischen Feld, das jedem Phänomen in der Raumzeitentfaltung zugeordnet ist und es letztlich formt. Diese Quantenstruktur ist in der Lage, Information mit den 4- und höherdimensionalen fraktalen Quantenstrukturen in beide Richtungen auszutauschen. Der Informationsaustausch findet dabei über aus Photonen gebildeten Quantenbits (QBits) statt, vermittelt durch das EMF. Der menschliche Geist wäre danach eine mit seinem Organismus verschränkte höherdimensionale fraktale Quantenstruktur, die über eine gewisse ontologische Selbständigkeit im Verhältnis zu ihrem klassischen Organismus verfügt. Denken oder menschliche Informationsverarbeitung ganz allgemein wäre danach ein Vorgang, der sich einerseits in und zwischen den Neuronen abspielt, gleichzeitig aber auch in der Quantenstruktur, mit der er verschränkt ist und die den Prozess top down steuert. Die dabei ausgetauschten Quantenbits sind Photonen und Photonenkohorten, die über das EMF emittiert und/oder empfangen werden. Photonen sind dabei in der Lage sich sowohl in der klassischen Materie, als auch in nichtlokalen höherdimensionalen Quantenstrukturen zu bewegen. Sie sind mit Koncsik „Bürger zweier Welten".

Der Informationsaustausch zwischen dem Quantensystem Mensch und dem Quantensystem Weinberg, Rebe, Traube oder Wein erfolgt danach indem wir uns z.B. auf einen Weinberg konzentrieren, wodurch eine Quantensituation (Verschränkung) zwischen uns und unserem Weinberg entsteht. Dann erzeugen wir durch Bilder, Gedanken oder Sprache die komplexe Information, z.B. Kupfer gegen Peronospora, die wir in das Quantenfeld des Weinberges schicken. Die komplexe Information entsteht in unserem Gehirn kodiert in Photonen und wird vermittelt über das EMF als QBits mit dem verschränkten Feld superluminal und nichtlokal geteilt. Dort verändert die Information „Kupfer" die Struktur des adressierten Feldes, infolgedessen sich wiederum das ihm zugeordnete materielle Korrelat verändert.

Koncsik formuliert dazu, dass es, vermittelt durch das EMF, so möglich sein müsste, eine Zelle zu reprogrammieren. D. h., man könnte über die Steuerungsebene des EMF veranlassen, wann ein Gen an- und abgeschaltet wird (https://www.youtube.com/watch?v=akpOnJJw1rU, Min. 51:27).

Damit wird die diesem Text zugrundeliegende Grundthese postuliert, wonach Prozesse in organischer (belebter) Materie grundsätzlich durch den bewussten Einsatz unseres Bewusstseins gesteuert werden können. Dies ist Ausdruck eines Wirklichkeitsverständnisses, in dem die von uns wahrgenommene Realität das Resultat und Korrelat eines mehrschichtigen Prozesses ist, in dem das nichtlokale Bewusstsein (großer Ordner) mit dem lokalen Bewusstsein in der Weise wechselwirkt, dass sich als Ergebnis der permanent ablaufenden mehrschichtigen Verarbeitung von Information im Wege von Reflexion (Messung/Beobachtung) Wellenkollapse ereignen, in deren Folge sich die materielle/energetische Faktizität perpetuiert. Danach gibt es keine faktische Realität ohne die aktive Beteiligung von Bewusstsein, was uns aber in unserer alltäglichen Wahrnehmung verborgen bleibt. Tatsächlich steht uns *Information* danach zur Gestaltung und Umgestaltung von Realität grundsätzlich ebenso zur Verfügung, wie Materie und Energie.

Das ist eine vollständig neue und soweit ersichtlich in dieser Klarheit so bisher noch nicht formulierte Dimension im Welt- und Selbstverständnis der Menschheit. Denn sie bedeutet nicht nur, dass die von uns erlebte und erfahrene Realität das Resultat eines mehrschichtigen geistigen Prozesses ist, nämlich desjenigen des Zusammenwirkens des in jedem von uns perpetuierten mit unserem Nervensystem, insbesondere unserem Gehirn korrelierten lokalen Bewusstseins mit einer das Universum strukturierenden ins Unendliche gerichteten höherdimensionalen fraktalen Quantenstruktur (großer Ordner), die das nichtlokale Bewusstsein ist, sondern auch, dass wir über unser Bewusstsein durch unsere geistige Aktivität Zustände in zumindest organischer Materie gezielt verändern können.

Damit hätten wir eine schlüssige Erklärung für die Möglichkeit der geistigen oder mentalen Einflussnahme auf organische Prozesse. Ähnlich wie im Denken von Sokrates und Platon wäre die im Raum-Zeit-Kontinuum zum Ausdruck kommende materielle Welt die „Schattenwelt" der vollkommenen Ideenwelt. Allerdings besteht die Vollkommenheit nicht, wie bei Platon, in Symmetrie oder den statischen platonischen Körpern, sondern in den höherdimensionalen Quantenfraktalen, die Träger und Ausdruck der gesamten Evolution des Universums und ihrerseits, gemeinsam mit der manifesten Wirklichkeit, mit der sie wechselwirken und im Ergebnis sich selbst zum Ausdruck bringen, in ständiger Veränderung sind (Koncsik).

So entsteht ein Welt- und Menschenbild, in dem der Mensch nicht mehr „nur" das Subjekt ist, das die ihm gegenüberstehende Welt als Objekt reflektiert und begreift, sondern vielmehr als geistiges Wesen am mehrschichtigen Realprozess in der Weise beteiligt ist, dass er permanent mit dem Quantengeist (großer Ordner) im Sinne einer verwickelten Hierarchie (Goswami) korreliert ist und die Wirklichkeit, die er reflektiert, dadurch gleichzeitig mit erschafft.

Dieses Welt- und Menschenbild ist mit dem klassischen Denken in zweiwertiger Logik, in der sich der Mensch als reflektierendes Wesen außerhalb bzw. gegenüber dem Reflektierten begreift, nicht zu fassen. Unsere aktive Rolle im Realprozess ist allerdings notwendige Bedingung für eine schlüssige Beschreibung der Hauptthese der hier vorgestellten Methode, wonach wir als Menschen in der Lage sind, Prozesse in jedenfalls organischer (belebter) Materie mit geistiger Energie bzw. Bewusstsein zu beeinflussen und zu steuern. Um die in der Quantentheorie zum Vorschein gekommene Wirklichkeit und die aktive Rolle des Menschen im Realprozess zu begreifen und zu beschreiben, bedarf es daher der Öffnung unseres Denkens hin zu einem Denken, das das Denken selbst und damit die geistige Dimension der Wirklichkeit als die im Realprozess entscheidende zu denken in der Lage ist. Dazu ist nur ein Denken in mehrwertiger (n-wertiger) Logik in der Lage, das sich nicht auf die zutreffende Abbildung der gedachten Objekte beschränkt, sondern die Reflexion auf sich selbst als Ausgang allen Seins und also das Primat des Geistes im Realprozess zu denken in der Lage ist.

Zwei- und mehrwertige Logik

Der Logos ist das Grundgefüge des sinnvoll Denkbaren und limitiert es gleichzeitig. Sinnvoll denkbar ist nur, was der jeweilige dem Denken zugrundeliegenden Logos erlaubt.

Um das Primat des Geistes im Realprozess und damit die Denkbarkeit der geistigen Steuerung bzw. Beeinflussung von Prozessen in zumindest organischer Materie in den Bereich des Denkbaren zu heben, bedarf es eines Logos, der ein logisches, ontologisches und metaphysisches Gefälle im Realprozess zugunsten des Geistes bzw. Bewusstseins im Verhältnis zum Sein zu denken und zu formulieren in der Lage ist.

Derartiges ist dem das abendländische Denken seit über 2500 Jahren prägende Denken in zweiwertiger aristotelischer Logik fremd. Es ist das auf das materielle und energetische Sein fixierte, auf dessen sinnliche Wahrnehmung, auf dessen zutreffende Abbildung und um dessen zutreffenden Ausdruck bemühte abbildende Denken. Eine aktive Rolle am

Realprozess entzieht sich seinen Grundannahmen (Erwin Schrödinger, Geist und Materie, Diogenes. Zürich 1989, S. 74/75). Schöpfung ist Gottesangelegenheit. Aufgabe des Logos im Selbstverständnis der zweiwertigen Logik ist das Erkennen und Verstehen von Gottes Werk, nicht Schöpfung.

Seit über 2500 Jahren ist das mit dem traditionellen Verständnis von Materie und Energie korrespondierende Denken das Denken in zweiwertiger Logik von Subjekt und Objekt, das in dem auf Sokrates und Platon zurückgehenden eidischen Denken gründende streng begriffliche Denken, das schließlich in der aristotelischen Logik mündete. Metaphysische Dimensionen spielen in diesem Denken unmittelbar keine Rolle. Sie sind, seit Sokrates die Welt der *Idea* als den Ursprung alles Schönen, Wahren und Guten an und für sich beschrieben hat, in ein Jenseits verfrachtet und für uns Sterbliche in diesem Leben nicht erreichbar. Alles Seiende ist danach ein Abbild des in der Welt der Idea vorhandenen schönen, wahren und guten Originals. Es dauerte nicht lange, bis die sokratisch/platonische Welt der Idea mit dem jeweiligen Gott der monotheistischen Religionen gleichgesetzt wurde und unser Denken lernte in Diesseits und Jenseits, Gut und Böse, Subjekt und Objekt zu unterscheiden. Und so versuchten und versuchen wir denkbegabten Subjekte seit nunmehr über 2500 Jahren, uns mit unserem Denken ein objektives Bild von der Welt zu machen.

Alles Nichtphysische und mit den bis dahin geltenden Gesetzen der Physik nicht Erklärbare und damit der gesamte Bereich der Metaphysik wurden ausgelagert und an eine jenseitige Sphäre übereignet, die von den monotheistischen Religionen mit Gott gleichgesetzt wurde. Das technisch-materielle Denken der klassischen Wissenschaft hielt sich von Erwägungen metaphysischer Phänomene zur Erklärung und zum Verständnis der Wirklichkeit vor diesem Hintergrund verständlicher Weise frei. Und sie kam die längste Zeit, insbesondere nach der von Descartes formulierten Trennung von Geist und Materie und den von Newton festgestellten Gesetzen der Mechanik mit ihrem Subjekt-Objekt-Denken in zweiwertiger Logik auch zu überzeugenden Ergebnissen.

Als Urursache allen Seins wurde die längste Zeit
Gott als Schöpfer betrachtet. Und die Philosophie
verlegte die im Subjekt-Objekt-Denken auftretenden
dialektischen Widersprüche in ein absolutes Subjekt
in dem sie sich in der absoluten Reflexion wieder
vereinten, in dem unschwer Gott zum Vorschein
kam. Die Wissenschaft beschäftigte sich als Folge
dieses Denkens mit den materiellen Gegebenheiten
des Seins, der Materie und der in ihr wirkenden Gesetze. Metaphysische Phänomene und Dimensionen
waren und sind in dieser Denkweise dem Bereich
des Glaubens zugeordnet, für den bis zum Mittelal-
ter, als die Philosophie sich zu emanzipieren be-
gann, die Religionen und die ihnen zugeordneten
Kirchen, Synagogen und Moscheen zuständig waren. Eine uns Menschen zugängliche unmittelbare
mit den materiellen Phänomenen konnotierte metaphysische oder spirituelle Dimension ist diesem
Denken und Glauben eben aufgrund seiner strengen Trennung der dem Denken und dem Glauben
zugewiesenen Dimensionen fremd. Anders noch als
bei den Vorsokratikern und im Denken der Antike,
als Naturphänomene wie das Meer oder die Erde,
die Luft und das Feuer direkt Göttern zugeordnet

waren und mit diesen in Eins gesetzt wurden, kennzeichnet das eidische Denken von Sokrates und Platon die Zäsur im abendländischen Denken, die die Urursächlichkeit alles Seins strikt und unüberwindbar von diesem, dem Sein, trennt. Lebenden ist der Zugang zur Welt der *Idea* verbaut und eine gegenseitige in beide Richtungen offene Kommunikation nicht denkbar. Die *Idea* wirkt hierarchisch in Richtung ihrer Ausprägung in der Welt des Seins, das Sein selbst hat in diesem Denken aber keinen Einfluss auf die *Idea*. In diesem Denken ist der einzelne Mensch als Ausdruck seines schönen, wahren und guten „Originals" in der Welt der *Idea* ein Geworfener. Schöpferisches Potential in einem existentiellen Sinne, das am schöpferischen Prozess an und für sich Teil hat, ist dem Einzelnen nicht zugeschrieben. Es liegt daher in der Natur des die letzten ca. 2500 Jahre bestimmenden Denkens, dass metaphysische Dimensionen und Phänomene aus dem wissenschaftlichen Denken ausgeschlossen waren. Die wichtigste Zäsur in der Scheidung zwischen Physik und Metaphysik stellt insoweit das Denken von Descartes (1596-1650) insbesondere in Gestalt des von ihm vertretenen Dualismus von Geist und Materie dar, gefolgt vom Denken Isaac Newtons (1643-1727) und der durch ihn begründeten klassischen Mechanik. Die in und für die Materie gültigen Gesetzmäßigkeiten waren mit der Gesetzen der klassischen Mechanik vollständig und widerspruchsfrei beschrieben und jenseits des Schöpfungsaktes selbst frei von metaphysischen Einflüssen.

Erst die Erkenntnisse der Quantenphysik haben dieses Denken vor ziemlich genau 100 Jahren, interessanter Weise gleichzeitig mit der damals aufkommenden Phänomenologie in der Philosophie und der Psychoanalyse in der Medizin, erschüttert. Wenn das gemessene Objekt erst durch den Messvorgang, also einem Akt der Beobachtung, zu dem Objekt wird, das am Ende festgestellt oder gemessen wurde, lässt sich die strikte Trennung der Welt in Geist und Materie, in Subjekt und Objekt, in Denken und Gedachtes nicht mehr aufrechterhalten. Das Denken von Ursache und Wirkung im newtenschen Sinne wurde den Anforderungen an eine vollständige, widerspruchsfreie Beschreibung der Wirklichkeit plötzlich nicht mehr gerecht. Es gibt und wirkt offensichtlich etwas in oder jenseits der Materie und der sie bedingenden Prozesse, was nicht mehr nur oder überhaupt nicht Materie ist. Was die Philosophen Hegel, Fichte und Schelling bereits intuitiv geahnt und in ihren philosophischen Werken zur Sprache zu bringen versucht hatten, woraus sich schließlich der deutsche Idealismus bildete, war nun Gegenstand und Erkenntnis strenger Physik geworden. Irgendetwas ist da in oder hinter der Materie dem wir mit unserem begrifflichen Denken in zweiwertiger Logik von Subjekt und Objekt nicht gerecht werden. In Ermangelung einer mehrwertigen Logik scheiterte der deutsche Idealismus letztlich an dem Versuch, dieses Etwas in einer strengen, den Gesetzen der Logik gerecht werdenden Begrifflichkeit zur Sprache zu bringen (Gotthard Günther: Idee und Grundriss einer nicht-Aristotelischen Logik, in: www.vordenker.de (Edition: Sommer 2004), J. Paul (Ed.), URL: <http://www.vordenker.de/downloads/grndvorw.pdf>). Allerdings war bis dahin auch noch niemand denkend den metaphysischen Wirkmächtigkeiten in oder hinter der Materie so nahe gekommen wie Hegel, Fichte und Schelling. Ihr Problem war, dass ihnen noch kein mehrwertiger Logos oder überhaupt die Idee einer mehrwertigen Logik zur Verfügung stand, weshalb sie und mit ihnen der deutsche Idealismus sich in einer spekulativen, bisweilen poetischen Sprache jenseits strenger Begrifflichkeit und Logik verloren (Gotthard Günther, a.a.O.).

Dies führte zum einen dazu, dass der deutsche Idealismus insbesondere im angelsächsischen Denk- und Sprachraum und nicht nur dort auf Unverständnis und mehr noch auf Ablehnung stieß. Andererseits wurde die Nähe des Denkens von Hegel zu einer metaphysischen Dimension der Wirklichkeit, die sich dem rein materialistischen Denken im Zuge der französischen Revolution entgegenstellt und sein Versuch, im Geist neben dem materiellen Sein eine valente Größe in der Wirklichkeit zu erkennen, aber auch der von Schelling formulierte Leitgedanke, dass der Mensch das Ergebnis der Sehnsucht der Natur nach Selbsterkenntnis sei, zum Impuls, dem Scheitern des deutschen Idealismus auf den Grund zu gehen. Dem deutschen Idealismus war es zwar nicht gelungen, das *Etwas*, das hinter oder jenseits der Materie vermutet wurde, schlüssig und letztgültig zur Sprache zu bringen. Es war aber auch noch niemandem gelungen, diesem *Etwas* so nahe zu kommen wie Schelling, Fichte und Hegel.

Es ist diese Einsicht, die Gotthard Günther motiviert hat, dem Scheitern des deutschen Idealismus, insbesondere in seiner Auseinandersetzung mit Hegels Großer Logik, auf die Spur zu kommen, um zum einen die Ursachen des Scheiterns zu ergründen und zum anderen daraus die denknotwendigen Konsequenzen zu ziehen, die ihn zu den Grundlagen einer mehrwertigen Logik geführt haben, die das Primat des Geistes im Realprozess zuverlässig zu denken und zu formulieren in der Lage sind.

Deshalb, aber nicht nur deshalb, stellt sich die Situation im Hinblick auf das Denken über Phänomene jenseits des Physischen Anfang des 21. Jahrhunderts schon etwas anders dar, als zu Zeiten des deutschen Idealismus.

Insbesondere die von der Quantenphysik ans Tageslicht beförderten Phänomene der Quantenverschränkung und Quantenwillkür sowie das in der

Philosophie in der Phänomenologie u.a. von Husserl, Heidegger und Merleau Ponty formulierte Denken, die Gedanken von C. G. Jung zu im kollektiven Unbewussten wirksamen Archetypen und nicht zuletzt die Veröffentlichungen von Ruppert Sheldrake über morphogenetische Felder, haben auch in weiten Teilen der Wissenschaft zumindest zu einer Aufweichung der harten Grenze zwischen Physik und Metaphysik geführt.

Entscheidend ist insoweit, dass inzwischen auch von Seiten der Wissenschaft anerkannt ist, dass offensichtlich auch nichtphysische, also geistige Phänomene wie der Vorgang der Messung oder Beobachtung Einfluss auf das Entstehen und die Veränderung von Materie haben können.

Und dennoch stößt diese Tatsache nach wie vor an anscheinend unüberwindbare Grenzen unseres Denkens.

Nach dem bis heute vorherrschenden auf der aristotelischen Logik basierenden Denken in zweiwertiger Logik denkt ein denkendes Subjekt mit den Mitteln der strengen Begrifflichkeit auf ein Objekt hin, dem es mit seinem Denken erschöpfend und widerspruchsfrei gerecht zu werden hat. Ist der Denkvorgang gelungen, ist der vom denkenden Subjekt gedachte Gedanke mit dem bedachten Objekt vollständig zur Deckung gekommen. Der Gedanke geht im gedachten Objekt auf. Der Denkgegenstand und der Gedanke sind identisch. Der Gedanke und das Objekt werden eins. Übrig bleibt das Objekt als das Absolute im Denken der zweiwertigen Logik. In diesem Denken gibt es Subjekt, Objekt und die erschöpfende und widerspruchsfreie Übereinstimmung von Gedanke und Gedachtem (Satz von der Identität und Satz von der Widerspruchsfreiheit) und außer wahr oder unwahr nichts Drittes (tertium non datur). Das Objekt und die objektive Welt, das *Sein*, sind die Herausforderung für das Denken in dem Sinne, dass es dies als vollständig und widerspruchsfrei zu erfassen und in strenger Begrifflichkeit sinnvoll auszudrücken hat. Die objektive Welt, das Objekt, existiert in diesem Denken unabhängig vom Subjekt und vom von diesem gedachten Gedanken. Die objektive Welt ist ein Absolutum, das gegeben und an dem nicht zu rütteln ist. Jedenfalls nicht mit Gedanken. Gedanken sind dazu da, diese objektive Welt vollständig und widerspruchsfrei zu erkennen und zu denken. Denken in diesem Sinne erschöpft sich in seiner Abbildfunktion und in der Ergründung des Sinns von *Sein*. Es hat keinen über den Sinn von *Sein* hinausweisenden Sinn.

Im Denken der zweiwertigen Logik gibt es zwar auch Platz für metaphysische Phänomene, wie z.B. Gott, der, wie gesagt, als metaphysische Ursache oder Urursache der objektiven Welt des *Seins* gedacht wird. Für das Subjekt selbst sind metaphysische Phänomene allerdings zu Lebzeiten nur über den Umweg des Glaubens zugänglich. Als unmittelbar dem Subjekt zur Verfügung stehend spielen metaphysische Phänomene im Denken der zweiwertigen Logik keine Rolle. Denken selbst ist zwar ein nicht physischer Vorgang, also strenggenommen metaphysisch. Im klassisch materialistischen wissenschaftlichen Denken ist Denken als metaphysischer Vorgang allerdings ein Epiphänomen der Materie und nicht umgekehrt. Und mit dem Urgrund allen Seins steht es insoweit in Verbindung, als es aus ihm deriviert und sich in der gelungenen absoluten

Reflexion wieder mit ihm vereint, also in ihm aufgeht. Das Denken selbst findet in der zweiwertigen Logik seine Erfüllung im Einswerden mit dem Objekt, in dem es aufgeht oder wie Hegel sagte, sich *nichtet*. Dass das Denken selbst, wie von der Quantenphysik festgestellt, als Bewusstsein das bedachte Objekt mit dem Vorgang des Denkens selbst beeinflussen oder verändern könnte, ist dem Denken in zweiwertiger Logik naturgemäß fremd. Ebenso fremd ist ihm die Vorstellung, dass mit Bewusstsein Einfluss genommen werden kann auf Felder, die dann in der Folge wiederum ein physisches Phänomen verändern, auf das sie bezogen sind, bzw., dass es solche Felder überhaupt geben könnte. Das Denken in zweiwertiger Logik ist ein Denken, das seine Aufgabe in der Abbildung und Habhaftwerdung der Wirklichkeit erkennt und das Ziel verfolgt, die Natur, die ihm als Objekt gegenüber steht, zu erkennen und ihren Sinn zu verstehen, um daraus Anwendungen zu entwickeln, die für uns Menschen nützlich sind. Philosophisch gedacht ist das Denken in zweiwertiger Logik jeweils gerichtet auf den Sinn von *Sein* und nicht auf den Sinn des das Denken hervorbringenden Bewusstseins, des *Nichts*, als

Antipode des *Seins* in der zweiwertigen Logik. Oder um mit Gotthard Günther zu sprechen: *„Und dem Denken bleibt hier nur die subalterne, höchst unschöpferische Aufgabe, die vorgegebene Bestimmung des metaphysischen Seins gehorsam nachzuzeichnen. Blasphemie aber erschiene es diesem Standpunkt und Auflehnung gegen Gott, die wahren Bestimmungen des Seins erst im Denken produzieren zu wollen. In der Schöpfung hat Gott dem Sein eine bestimmte Gestalt und sein objektives Wesen gegeben, weshalb dem kreatürlichen Bewusstsein des Menschen allein die Aufgabe zufällt, die ewige Wahrheit aus den Händen der Gnade zu empfangen und ein stiller Spiegel des Transzendenten zu sein."* (Gotthard Günther: Metaphysik, Logik und die Theorie der Reflexion, in: www.vordenker.de (Edition: Sommer 2004), J. Paul (Ed.), URL: <http://www.vordenker.de/ggphilosophy/gg_metaph-logik-refl.pdf > — Erstveröffentlichung in: Archiv für Philosophie Bd. 7, 1957, S. 13). Denken in zweiwertiger Logik ist daher nicht nur das mit der Materie korrespondierende Denken, es ist auch das Denken der klassischen Metaphysik, die Gott als den Schöpfer allen *Seins* betrachtet, dessen Sinn das Denken in zweiwertiger Logik zu ergründen sucht.

Die Vorstellung, dass das Bewusstsein neben seiner Abbildfunktion im Denkprozess eine darüberhinausgehende eigenständige Dimension in der Wirklichkeit haben könnte, muss dem klassischen Denken in zweiwertiger Logik fremd bleiben, mehr noch, es muss sie aus seinem Selbstverständnis heraus ablehnen.

Da es sich inzwischen dennoch Phänomenen ausgesetzt sieht, die den Einfluss nichtphysischer Phänomene auf die Materie zumindest nahelegen, sieht es sich mit der Frage konfrontiert, ob es nicht seine originäre Aufgabe sein könnte, seinen eigenen Logos auf seine Hinlänglichkeit hin zu überprüfen und zu überdenken.

Alle bisher beschriebenen Phänomene, angefangen bei der Quantenphysik über morphogenetische Felder und die 4. und höhere Raumdimensionen lassen sich mit dem Denken in zweiwertiger Logik jedenfalls nicht oder nur unzureichend erfassen.

Dies liegt in dem Umstand begründet, dass es sich dabei um Phänomene handelt, die mit den bisher als unverrückbar geltenden Gesetzen der Materie allein nicht mehr zu begreifen sind, das mit der Materie und der dreidimensionalen Raumzeitlichkeit konnotierte Denken in zweiwertiger Logik aber, außer *Gott*, weder Logos noch Begrifflichkeit hat für die Wirklichkeit bestimmende nichtphysische Phänomene.

Als logische Antwort auf diese Problemstellung stehen nur zwei Möglichkeiten zur Verfügung. Entweder die beschriebenen Phänomene sind nicht Teil der Wirklichkeit, sondern das Produkt von Einbildung oder Phantasie oder der bisher für das Verständnis von Wirklichkeit zur Verfügung stehende Logos verfügt nicht über die Mittel, die Wirklichkeit erschöpfend zu denken und zu beschreiben.

Es ist das Verdienst von Gotthard Günther (*Idee und Grundriss einer nicht-Aristotelischen Logik a.a.O.*), aufgezeigt zu haben, dass das Denken sich weder im Denken in zweiwertiger Logik erschöpft, noch das

Denken in zweiwertiger Logik in der Lage ist, die Wirklichkeit zutreffend und erschöpfend zu denken.

Dies bedeutet andererseits allerdings nicht das Ende und die Entwertung der zweiwertigen Logik. Es bedeutet nur die Eingrenzung und die Einsicht in die Beschränkung ihres Zuständigkeitsbereiches für die Frage nach der Wirklichkeit.

Denn das Denken in zweiwertiger Logik hat und behält seine Zuständigkeit und Wirkmächtigkeit als der Wirklichkeit gerecht werdender Logos, soweit es sich auf die beschriebene Abbildfunktion begrenzt.

Soweit ein Subjekt ein Ding denkt, also ein „totes" Objekt, kommt das Denken in zweiwertiger Logik zu einwandfreien Ergebnissen. Auf dieser ersten Reflexionsebene, wie Hegel sie nennt, ist das Bewusstsein in der Lage, das *Sein* des Dinges dergestalt vollständig zu erfassen, dass es, ohne in Widerspruch mit den 3 genannte Grundaxiomen der zweiwertigen Logik zu geraten, den Sinn des *Seins* des Dinges erschöpfend darzustellen und in seinem Begriff zum Ausdruck zu bringen vermag.

Auf dieser ersten Reflexionsstufe hat und behält das Denken in zweiwertiger Logik ohne Einschränkung seine Daseinsberechtigung und seinen Sinn. Es wurde bereits ausdrücklich auf die hervorragenden Ergebnisse und Anwendungen hingewiesen, die dieses Denken und der ihm zugrunde liegende Logos über die zurückliegenden 2500 Jahre hervorgebracht hat. Dies ist Ausdruck der Konsistenz und Qualität der zweiwertigen Logik, die auf dieser Ebene auch in Zukunft ihre uneingeschränkte Legitimität haben wird. Sie war die letzten 2500 Jahre Basis und Voraussetzung dafür gewesen, dass wir uns zuverlässig darüber unterhalten konnten, was z.B. ein Tisch ist, und daran wird sich aller Voraussicht nach auch die nächsten 2500 Jahre nichts ändern, jedenfalls dann nicht, wenn dann noch jemand da sein wird, der in der Lage ist, die Stufe der ersten Reflexion zuverlässig durchzuführen.

Hier endet allerdings auch die Zuständigkeit der zweiwertigen Logik als dem für das vollständige und widerspruchsfreie Denken der Wirklichkeit maßgeblichen Logos.

Die Begrenztheit des Denkens in zweiwertiger Logik wird bereits auf der ersten Reflexionsebene augenfällig, wenn sich das Denken nicht mehr auf ein Ding richtet, sondern z.B. auf einen Menschen, also ein lebendes und seinerseits denkbegabtes Wesen.

In seiner Auseinandersetzung mit Hegels Großer Logik erkennt Gotthard Günther einen Reflexionsüberschuss im Denken der zweiwertigen Logik, der ihrem eigenen Anspruch der absoluten Einheit von Denken und Sein in der Reflexion als Ergebnis des dialektischen Prozesses nicht gerecht wird (vgl. Günther a.a.O. S. 319). Dieser Reflexionsüberschuss besteht im Subjekt-Objekt-Denken der zweiwertigen Logik z.B. in der Ungedachtheit und Ungesagtheit dessen, was ein belebtes Objekt von einem Ding unterscheidet. Im Subjekt-Objekt-Denken der zweiwertigen Logik gibt es nur Subjekt und Objekt. Das denkende Subjekt, das Ich, bedenkt das bedachte und gedachte Objekt nach den Grundaxiomen der zweiwertigen Logik, also dem Satz von der Identität, der Widerspruchsfreiheit und des *tertium non datur* (es gibt nichts Drittes außer wahr und unwahr) sowie des Satzes vom hinreichenden Grund.

In diesem Denkprozess wird aus jedem vom denkenden Subjekt bedachten Objekt, unabhängig davon, ob es ein Ding oder ein belebtes oder beseeltes Es oder ein geist- und/oder denkbegabtes Subjekt ist, ein Objekt, in dem der Gedanke aufgeht.

Dasselbe gilt für den Vorgang des Denkens selbst, der, wenn er Gegenstand eines Gedankens wird, zum Objekt wird. Auf der zweiten Reflexionsebene, dem Denken über den auf der ersten Reflexionsebene gedachten Gedanken, wird dieser vom ursprünglich originären Denken (einem metaphysischen Vorgang) zum „bloß" gedachten Objekt. In der Reflexion über die Reflektion wird der bedachte Gedanke im Denken in der zweiwertigen Logik so selbst zu einem „toten" Objekt. Ausgehend von dem fundamentalen Kernsatz der zweiwertigen Logik, dem Satz von der Identität, gemäß dem der Denkgegenstand dadurch, dass er gedacht wird, in seinen Eigenschaften nicht verändert wird, verstößt das Denken in zweiwertiger Logik in der 2. Reflexion beim Bedenken eines Gedankens daher gegen eines seiner Grundaxiome, da der Gedanke in dem Moment, indem er zum Gegenstand der Reflektion wird, zum Objekt und dadurch seines lebendigen Prozesscharakters beraubt wird (Günther, a.a.O. S. 349).

Die Belebtheit, Beseeltheit, Fühl- und Denkbegabtheit eines belebten Objektes, eines Subjekt-Objektes, um im Duktus von Günther zu bleiben, oder eines Gedankens selbst, kommt im Denken in zweiwertiger Logik, in der alles von einem Subjekt Gedachte sogleich zu einem unbelebten Objekt wird, nicht zur Sprache. Es bleibt ungedacht zurück. Es hat in der Dichotomie der zweiwertigen Logik keinen eigenen Wert. Im Denken der zweiwertigen Logik gibt es nur 2 Werte, die in einem gegenseitigen Austauschverhältnis stehen, 0 und 1. Das Sein und das Nichts. Subjekt und Objekt. Das Gedachte und der Gedanke. Diese 0 oder 1, die das Objekt in der zweiwertigen Logik ist, kennt keine Unterscheidung in unbelebte und belebte, unbeseelte und beseelte Objekte oder Gedanken als Gegenstand der Reflexion. Der in Wirklichkeit bestehende Unterschied zwischen einem Ding, einer Pflanze, einem Tier, einem Menschen und einem Gedanken, findet in der Zweiwertigkeit der aristotelischen Logik keine

Entsprechung. Es ist dieser Reflexionsüberschuss, den das Denken in zweiwertiger Logik zu Denken schuldig bleibt (vgl. Günther a.a.O., S. 301 ff.) und der seine in seiner Zweiwertigkeit liegenden Insuffizienz als ein der Wirklichkeit angemessener Logos kennzeichnet. Denn diese Wirklichkeit ist nicht zweiwertig, sondern, wie sich bereits an den unterschiedlichen Valenzen der vom Subjekt gedachten Objekte zeigt, mehrwertig.

Um der unterschiedlichen Valenz eines Subjekt-Objektes gerecht werden zu können, müsste einer oder mehrere weiterer Werte in den Logos eingeführt werden der damit schon drei- oder höherwertig wäre.

Zu diesem Schritt waren Hegel und die Vertreter des deutschen Idealismus aber, wie gesagt, nicht in der Lage, da ihnen kein mehrwertiger Logos oder auch nur eine Vorstellung von Mehrwertigkeit zur Verfügung stand. Dieser Schritt ist aber bis zum heutigen Tage von der traditionellen materialistischen auf zweiwertiger Logik basierenden Wissenschaft nicht gemacht worden und das, obwohl ihr in Gestalt der

Quantentheorie eine Wirklichkeit vor Augen geführt wurde, die mit zweiwertiger Logik nicht mehr zu begreifen ist, aber auf handfesten, nachprüfbaren Experimenten klassischer Wissenschaftler, in diesem Fall von Physikern, beruht.

Das Denken in zweiwertiger Logik ist ein habhaftwerdendes Denken, das Zugriff nimmt auf die Wirklichkeit, u.a. um die von ihm als sinnvoll gedachten Anwendungen aus ihr hervorbringen zu können. Dies ist einerseits das Verdienst des Denkens in zweiwertiger Logik, die all die segensreichen Anwendungen hervorgebracht hat, ohne die das Leben im 21. Jahrhundert nicht mehr denkbar ist. Dies geschah allerdings um den Preis, dass dadurch Dimensionen in der Wirklichkeit unberücksichtigt, unerkannt, ungedacht und ungesagt blieben, die diese womöglich entscheidend bedingen. Mehr noch, das Denken in zweiwertiger Logik verändert im denkenden Zugriff des Subjektes auf das Objekt die Wirklichkeit dahingehend, dass der Wirklichkeit immanente wesentliche Dimensionen vom angewandten Logos als undenkbar ausgeschlossen und dem logischen Denken nicht zugehörig definiert werden. Aus

Sicht der zweiwertigen Logik ist dieses Verständnis zwingend. Für einen Logos, der für sich die Potenz des vollständigen, widerspruchsfreien Denkens der Wirklichkeit in Anspruch nimmt, können außerhalb des für ihn Sagbaren keine Phänomene existieren. Und der Anspruch der Vollständigkeit und Widerspruchsfreiheit ist jedem Logos als solchem eigen. Die Wahrnehmung und Sagbarkeit außerhalb seiner Grenzen angesiedelter Phänomene ist jedem Logos nur um die Preisgabe seiner Konsistenz denkbar. Oder er zeigt sich entwicklungsfähig.

Das Denken in zweiwertiger Logik, dieser in der Menschheitsgeschichte nunmehr seit über 2500 Jahren laufende Prozess, war insoweit wohl ein notwendiger Entwicklungsabschnitt in der menschlichen Evolution, mit dem zunächst die Gesetze des Denkens im Hinblick auf Energie und Materie verstanden und zu beherrschen erlernt werden wollten. Es gab aus Sicht der Menschheit hinreichende Gründe, sich zunächst den Gesetzen der Elemente in Gestalt von Energie und Materie zuzuwenden, denen man relativ schutzlos ausgeliefert war und die für das Denken selbst geltenden Gesetze an dieser

Herausforderung zu messen. Insofern stellte die Trennung von Physik und Metaphysik, von Geist und Materie noch nicht unbedingt ein Problem für das Dasein der Menschen dar. Dies änderte sich allerdings spätestens im 20. Jahrhundert in dem die zweiwertige Logik auf allen erdenklichen Ebenen ihre grausame Seite offenbarte.

Tatsächlich ist das Denken in zweiwertiger Logik aber bereits für die Verdinglichung von Menschen z.B. zu Sklaven verantwortlich. Denn nur ein Denken, das auf dem Gegensatz von Subjekt und Objekt beruht, konnte Menschen als Objekte denken. Erst diese Möglichkeit im Logos führte letztlich auch zu den Ideologien, die diese Möglichkeit als sinnvoll verstanden und als Handlungsmöglichkeiten und Zielsetzungen formulierten und schließlich exekutierten. Ein Denken in zweiwertiger Logik beruht zwingend auf einem Denken von Subjekt und Objekt und der Scheidung von Gut und Böse. Jedes sinnvolle Handeln geschieht in der Absicht des Guten und ist dem Bösen entgegengestellt. Die zweiwertige Logik ist daher in ihrem Wesen von Grund auf moralisch. Da der Logos selbst aber nur die Bipolarität und Begrifflichkeit bereitstellt, liegt die Quelle und der

Ursprung der Scheidung von Gut und Böse, bzw. die Quelle der Werte selbst, zwingend außerhalb des Logos. Im abendländischen Denken sind die Quellen der Werte die Texte der monotheistischen Religionen, in deren Mythologie die Urheberschaft direkt auf Gott verweist oder es sind die ihnen entgegengestellten Ideologien. Dieser Gott hat etwa in der Erzählung des Alten Testaments Moses die 10 Gebote im brennenden Dornbusch übergeben. In ihnen wurden die Regeln formuliert, an denen sich die Sittlichkeit des menschlichen Lebens seither orientiert. In diesem Denken ist der Ursprung der Sittlichkeit daher etwas außerhalb des menschlichen Wesens angesiedeltes. Als *gut* erweist sich derjenige Mensch, der sich diese Regeln zu Eigen macht und sie befolgt. Und als solcher guter Mensch wird er auch jeweils vom zweiwertigen Logos erkannt, bewertet und behandelt. Da die Quelle der Werte außerhalb des Logos liegt, ist sie austauschbar. Von eben dieser Möglichkeit haben die totalitären Ideologien im 20. Jahrhundert umfassenden Gebraucht gemacht. Nur so ist es möglich gewesen und geworden, dass die Nationalsozialisten im Namen des Guten, das in ihrem Text mit der arischen Rasse verknüpft wurde, alle in ihrem Text als unwert identifizierten Menschen zu Objekten gemacht und ermordet haben, ohne damit ein moralisches Problem zu haben. Der Akt des Mordens wurde im äußersten Falle als unangenehm, aber im Sinne des Guten unabwendbar empfunden und legitimiert. Entsprechend lautete auch die Verteidigung der Täter im Rahmen der Nürnberger Prozesse. Die Befolgung eines Gesetzes, das ein Ziel innerhalb des Wertesystems, dem es entstammt, als gut definiert, kann nicht verwerflich, unmoralisch, rechtswidrig oder strafbar sein.

Vor diesem Hintergrund erweist sich der Holocaust als die notwendige Konsequenz des abendländischen Denkens, als die Imre Kertész sie erkannt und benannt hat und nicht als dessen grob regelwidriger Ausnahmefall, ebenso wie sich der philosophische Marxismus mit seiner Reduktion des Menschen auf das von jeder Innerlichkeit befreite rein Objekthafte nicht nur als legitimer Nachfolger von Hegel erweist (vgl. Günther, a.a.O. S. 306), sondern damit auch die Philosophie von Karl Marx als die letzte und endgültige Gestalt des zweiwertigen Denkens im Prozess seiner definitiven Selbstliquidation (so Günther a.a.O. S 316).

Im Bereich der Landwirtschaft hat das Denken in zweiwertiger Logik dazu geführt, dass die Produktivität mit Hilfe der Errungenschaften der Agrarindustrie im Bereich der synthetischen Düngung und des synthetischen Pflanzenschutzes sowie der maschinellen Bearbeitung der Felder exponentiell erhöht wurde. Dies hatte die Anreicherung der Seen und Fließgewässer sowie des Grundwassers mit Phosphaten und Nitraten, die Verunreinigung der Biotope von Insekten, Vögeln und anderen Wildtieren mit sog. Pflanzenschutzmitteln, die Anreicherung von Pflanzen und Früchten und daraus erzeugten Lebensmitteln mit Rückständen von synthetischen Pflanzenschutzmitteln und die Verringerung des Humusgehalts der Böden durch Erosion infolge der intensiven mechanischen Bearbeitung zur Folge.

Aus Sicht der zweiwertigen Logik waren und sind das ebenso unvermeidbare wie hinzunehmende Nebenwirkungen, die gegebenenfalls mit weiteren Anwendungen aus den Errungenschaften der zweiwertigen Logik zu bekämpfen oder abzumildern sind. Es ist keine Überraschung, dass in den Denkfabriken der Agrar- und Lebensmittelindustrie bereits Antworten bereitliegen auf Szenarien, die die Erfolglosigkeit der Symptombehandlung mit den Mitteln der zweiwertigen Logik vorausgedacht und -gesehen haben. Deshalb existiert beispielweise die industrielle Produktion von Fleisch aus Stammzellen nicht nur als Utopie in den Träumen von Sciencefiction affinen Utopisten, sondern als industriefertiges Modell, das in Produktion gehen könnte. Was fehlt sind nur noch die Akzeptanz durch den sogenannten Verbraucher (vgl.: https://cleanmeat.de) und teilweise rechtlich Rahmenbedingungen für ihre Zulassung zum menschlichen Verzehr. Dieselben Modelle die z.B. als *indoor farming* und *vertikal farming* bezeichnet werden, stehen bereit im Bereich der Pflanzen- und Früchteproduktion (https://www.energie-klimaschutz.de/indoor-vertical-farming/).

Es versteht sich von selbst, dass all diesen Methoden gute bis sehr gute Argumente zur Seite stehen. Ansonsten würde es sie nicht geben. Interessant ist, dass diese Argumente überwiegend aus den Nebenwirkungen der Vorstufen der jeweiligen Technologien resultieren. Vorstufe der Fleischproduktion aus Stammzellen ist die industrielle Massentierhaltung. Die industrielle Massentierhaltung hat zu inzwischen inakzeptablen Verhältnissen für das Tierwohl, zur übermäßigen Erzeugung von klimaschädlichem Methangas und zur übermäßigen Ausbeutung der Ressourcen für die Ernährung der fleischerzeugenden Tiere geführt. Entsprechend argumentiert die Fleischstammzellenindustrie damit, Fleisch produzieren zu können, ohne die von der Vorgängerindustrie verursachten Nebenwirkungen (vgl. https://cleanmeat.de). Dasselbe gilt für die Methoden des *vertical* und *indoor farming*. Auch hier wird mit dem Flächenverbrauch durch konventionelle Landwirtschaft, unfruchtbaren Böden, der Kontamination durch Pflanzenschutzmittel und Herbizide usw., also mit den aus dem exploitativen Wesen der Vorgängermethode resultierenden Nebenwirkungen argumentiert, die mit der neuen innovativen Methode vermieden, jedenfalls aber vermindert werden.

Im selben Logos bewegt sich das Denken von der Besiedelung fremder Planeten durch den Menschen, wenn die Erde einmal infolge der Nebenwirkungen der dort angewandten Methoden unbewohnbar werden sollte.

Und, wie gesagt, den Zukunftstechnologien stehen gute bis sehr gute Argumente zur Seite. Denn sonst würde es sie, wie gesagt, nicht geben. Unberücksichtigt und deshalb unerwähnt in der Argumentation bleibt der Umstand, dass die für die Zukunftstechnologie sprechenden Argumente jeweils den negativen Nebenwirkungen der Vorgängertechnologie geschuldet sind. Unerkannt, jedenfalls ungesagt, bleibt in der Argumentation für die Zukunftstechnologie daher auch der Umstand, dass beide Technologien, sowohl die Vorgängertechnologie, als auch die Zukunftstechnologie, dem selben Logos, nämlich demjenigen der zweiwertigen Logik entstammen. Und dasselbe gilt natürlich auch für die Vorgängertechnologie der Vorgängertechnologie und so weiter. Nachhaltig ist die zweiwertige Logik daher nur im Hinblick auf die von ihren Anwendungen hervorgebrachten Nebenwirkungen. In ihrem Wesen ist sie exploitativ. Wenn auch von ihr überwiegend unerkannt.

Es ist das Wesen der zweiwertigen Logik, dass sich mit ihr, abhängig von dem sie implementierenden metaphysischen Text, so gut wie alles begründen lässt, einschließlich des jeweiligen Gegenteils. Hierin zeigt sich zum einen ihre nicht zu überbietende Qualität zur Durchsetzung der in den sie implementierenden Texten formulierten Werten. Diese Qualität ist allerdings auch der Grund für die den Gesetzen der Dialektik gehorchenden jeweils das „Gute" befördernden eine bestimmte Thematik betreffende endlosen gesellschaftlichen Debatten. Unerkannt und ungesagt in diesen Debatten ist und bleibt der Umstand, dass die dort vertretenen Standpunkte ihrer Natur nach grundsätzlich moralisch sind, es sich also vor dem Hintergrund der vorgetragenen sachlichen logischen Argumente durchweg um den Versuch handelt, seine eigene Vorstellung von Sittlichkeit zu dem besprochenen Thema, abhängig jeweils von dem diese tragenden metaphysischen Text, für den man sich bewusst oder unbewusst entschieden hat, durchzusetzen. Unerkannt und ungesagt bleibt dabei der Umstand, dass es sich entgegen dem Selbstverständnis der Protagonisten der Debatte, um den Versuch der Durchsetzung der eigenen Interessen am Bestand der Werte handelt, die im jeweiligen metaphysischen, das eigene Denken inhaltlich bestimmenden Text zugrunde gelegt sind.

Unerkannt und ungesagt bleiben diese Umstände aber nicht etwa aus einer naturgegebenen Dummheit oder Boshaftigkeit der zweiwertigen Logik. Vielmehr liegt die Ungesagtheit und Unerkanntheit der genannten Umstände am Selbstverständnis des Logos selbst. Ein Logos, der für sich nicht in Anspruch nähme, die wesentlichen Dinge zwischen Himmel und Erde erschöpfend und widerspruchsfrei zum Ausdruck bringen zu können, wird keinem Anspruch an einen Logos gerecht, schon gar nicht seinem eigenen an sich selbst. Dazu fehlt es dem Logos der zweiwertigen Logik aber an diesem inhärenten Werten. Er hat sie nicht. Er ist deshalb das Werkzeug der ihn implementierenden metaphysischen Texte.

Der Logos der zweiwertigen Logik ist allerdings keine Naturgewalt und auch kein Naturgesetz, dem alles, einschließlich der ihn in Ansatz bringende denkende Mensch, entstammt. Der Logos der zweiwertigen Logik ist eine Hervorbringung dieses denkenden Menschen selbst. In diesem Fall von Sokrates und Platon und in seiner endgültigen Formulierung in Form der ersten Wissenschaft von der Logik in Person von Aristoteles.

Alle daran Beteiligten hatten gute Gründe für ihre Gedanken und deren Formulierung. Und der Umstand, dass wir uns auch ca. 2500 Jahre später noch daran orientieren, spricht für deren Qualität.

Der Grund für Sokrates, den Urgrund für alles Seiende in der *Idea*, an einem Ort im Jenseits zu sehen, war u.a. die Frage seiner Freunde nach seiner heiteren Gemütsverfassung kurz bevor er den Giftbecher trinken musste. Der Ort der *Idea* sei derjenige, an dem alles Schöne, Wahre und Gute an und für sich seinen Ursprung habe und alles Seiende seinen Urgrund. Dies sei der einzige einem wahren Philosophen angemessene Ort. Und an diesen werde er sich gleich, nachdem er den Becher leergetrunken hat, begeben (Platon, Phaidos 99a – 102a). Seinen Freunden leuchtete das ein. Damit war der Urgedanke einer strengen Metaphysik, die die Ururache/n von allem in einem Bereich jenseits des für Sterbliche Erreichbaren und in einem streng von dieser/m getrennten Raum sieht, formuliert. Niedergeschrieben wurden Sokrates' Gedanken von Plato, der der Lehrer von Aristoteles war, der sie schließlich in seine Wissenschaft von der formalen Logik münden lies. Entscheidend für die Geburtsstunde des Denkens in zweiwertiger Logik ist, dass der Urgrund von allem, der im Denken von Sokrates die *Idea* ist, in eine Welt jenseits des für Sterbliche Erreichbaren verlegt und damit vom Denken ausgeschlossen wurde. Dieser Urgrund, die *Idea*, war etwas Geistiges und Abstraktes im Gegensatz zu ihren Derivaten, den Gegenständen des Denkens, mit denen das *Sein* nach den Gesetzen der aristotelischen Logik zu denken war. Seither herrscht und gilt eine strenge Trennung von Geist und Materie und damit zwischen Physik und Metaphysik wie sie schließlich von Descartes formuliert wurde. Danach gibt es keinen Weg und keinen Logos, der den Menschen im Diesseits mit seinem geistigen Ursprung oder Urgrund verbinden könnte. Mehr noch, es gibt auch keinen Weg und Logos, der den Menschen mit seiner geistigen Dimension im Diesseits verbinden könnte.

Dennoch begreift sich auch der Mensch bis in die Gegenwart hinein interessanterweise gerne als geistiges Wesen. Dieser Widerspruch wurde schließlich mit dem Erscheinen der monotheistischen Religionen gelöst, die die Verantwortung für die geistige Dimension des Daseins übernahmen. Die zweiwertige Logik war daher von ihrem Anbeginn an die Logik der Materie, die Logik der für den Menschen sinnlich wahrnehmbaren Wirklichkeit. Die Logik der zutreffenden sinnvollen Abbildung des Wahrgenommenen. Das Übersinnliche, das Geistige war dem Glauben vorbehalten und den monotheistischen Religionen, die jeweils ihren Gott an die Stelle der sokratischen/platonischen *Idea* gesetzt haben. Oder es war den Gegenmetaphysiken vorbehalten, die sich ganz im Sinne der zweiwertigen Logik den monotheistischen Religionen entgegenstellten und sich gegen diese formulierten.

An dieser Setzung wird die Unvollkommenheit bzw. Unvollständigkeit der zweiwertigen Logik deutlich als Logos, der sämtliche Phänomene zwischen Himmel und Erde zu formulieren in der Lage ist, einschließlich der geistigen. Sie ist eine rein formale. Die Valenz der von ihr formulierten Werte schöpft sie nicht aus sich selbst, sondern den Metaphysiken, aus denen sie ihre Inhalte und ihren Sinn erhält.

Das Denken in zweiwertiger Logik erweist sich so als Werkzeug, dessen sich Menschen bedienen um Zugriff zu bekommen auf die von Gott gesetzten Gesetzmäßigkeiten der Natur, die es zu verstehen und zu begreifen gilt, um daraus nützliche Anwendungen zum Nutzen der Menschheit zu schaffen. Einen Zugriff auf den Urgrund dieser Gesetzmäßigkeiten hat das Denken in zweiwertiger Logik ebenso wenig, wie es ihn enthält.

Es ist eben das werkzeughafte im Denken in zweiwertiger Logik, die ihm neben allen nützlichen Anwendungen, die es bisher hervorgebracht hat, auch die Grausamkeiten gestattet, die es bisher ebenso hervorgebracht hat, einschließlich der Möglichkeit der Ausbeutung auf allen Ebenen des Daseins, bis hin zur Ausrottung und Vernichtung von Menschen selbst. Da es als formale Logik „nur" seinen drei Grundaxiomen (und dem Satz vom hinreichenden Grund) zu entsprechen hat, ist es frei von Werten. Diese schöpft es aus den Metaphysiken, mit denen es jeweils konnotiert ist. Die von ihm erzeugten Nebenwirkungen sind dem jeweils „Guten" geschuldet, das der entsprechenden Metaphysik entlehnt wird und dem es dient.*

Es wird deutlich, dass das Denken in zweiwertiger Logik keine über seine werkzeughafte Zweckmäßigkeit hinausweisende Dimension hat.

Dennoch war es die längste Zeit der Anspruch der zweiwertigen Logik, sämtliche Dinge zwischen Himmel und Erde vollständig und widerspruchsfrei zum Ausdruck zu bringen.
Es war Gotthard Günther (a.a.O.), der aufgezeigt hat, dass die zweiwertige Logik diesem Anspruch nicht gerecht wird und der gleichzeitig die Perspektive für eine mehrwertige (meontische) Logik geöffnet hat.

Das Denken in mehrwertiger Logik erschöpft sich nicht mehr in der Dichotomie von Subjekt und Objekt, von *Sein* und *Nichts*. Und in der Vertiefung in die zweiwertige Logik und dem Aufscheinen der von ihr nicht zu lösenden Widersprüche eröffnet sich eine Perspektive auf der Wirklichkeit inhärente Phänomene und Werte, die zum einen in der zweiwertigen Logik nicht zur Sprache kommen und darüber hinaus die höhere logische und ontologische Mächtigkeit des *Nichts* gegenüber dem *Sein*, also des Bewusstseins und des Denkens gegenüber dem *Sein* in den Bereich des logisch Denkbaren rücken.

Entscheidend für das hier verfolgte Ansinnen, die Denkbarkeit des Einflusses von Bewusstsein auf Vorgänge in belebter Materie im Rahmen einer strengen Logik als denkbar aufzuzeigen, ist dabei insbesondere das bereits im vorigen Kapitel beschriebene Denken des Selbstbewusstseins als eigenständige Kategorie und nicht als Kategorie des *Seins*. Danach ist Selbstbewusstsein das Resultat von Selbstreflexion und damit das Ergebnis eines rein geistigen Vorganges, also nicht *Sein* oder der Ausdruck von *Sein*. Oder um es mit den Worten von

Gotthard Günther zu sagen: *„Dasjenige aber, wodurch überhaupt erst ›Sein‹ verstanden werden kann, kann nicht selber ›Sein‹ sein, weil wir uns andernfalls immer wieder fragen müssten, wodurch denn das ›Sein‹ jenes Bewusstseinsmotivs (durch das wir ›Sein‹ erfassen) selbst begriffen werden könnte. Kantisch ausgedrückt: die Bedingungen der Möglichkeit von Gegenständen der Erfahrung können selber keine Gegenstände sein."* (Günther, Metaphysik, Logik und die Theorie der Reflexion, in: www.vordenker.de (Edition: Sommer 2004), J. Paul (Ed.), URL: < http://www.vordenker.de/ggphilosophy/gg_metaph-logik-refl.pdf > — Erstveröffentlichung in: Archiv für Philosophie Bd. 7, 1957, S. 26.).

Der zum Selbstbewusstsein führende Reflexionsvorgang ist nicht mehr „nur" Reflexion auf *Sein* und bewegt sich daher außerhalb der Reflexion über den Sinn von *Sein*. Er ist nicht mehr „nur" Abbildung von *Sein*, er schafft Selbstbewusstsein. Er ist die Reflexion über den Sinn des im Denken von Hegel dem *Sein* als gleichwertig gegenübergestellten das *Sein* und seinen Sinn reflektierende *Nichts*. Das Denken erschöpft sich bei Hegel allerdings in der Reflexion auf den Sinn von *Sein*. Da das *Nichts* diesem als gleichwertig gegenüberstehend verstanden wird, findet das Denken als Reflexion über den Sinn von *Nichts* bei Hegel, ebenso wie im gesamten Denken in zweiwertiger Logik, nicht statt.

Hierin liegt zum einen der Grund, weshalb der Versuch des deutschen Idealismus, dieses *Etwas*, das hinter der Materie vermutet wurde, in einer zuverlässigen Sprache und einem konsistenten Logos zur Sprache zu bringen, scheitern musste. Zum anderen, und für unser Vorhaben wesentlich, zeigt sich in der Möglichkeit Denken neben der Reflexion über den Sinn von *Sein*, auch als Reflexion über den Sinn von *Nichts*, also der geistigen Dimension der Wirklichkeit, zu verstehen, als dem Denken, wenn auch nicht mehr in zweiwertiger Logik, zur Verfügung stehende sinnvolle Dimension.

Insoweit kommt das Primat des Geistes als Möglichkeit des Denkens in mehrwertiger Logik zur Sprache und zur Geltung.

Aufgezeigt wird das Primat des Geistes in besonderer Weise in der fundamentalen Auseinandersetzung von Günther mit Hegels Großer Logik im Allgemeinen und dem dort beschriebenen im Reflexionsprozess im Denken der zweiwertigen klassischen Logik auftretenden Reflexionsgefälle zwischen dem *Sein* und dem *Nichts*.

In der aristotelischen Logik ist das *Sein* das Positive zu bedenkende, dem das es Denkende als Negatives gegenüber steht, das *Nichts*. Grundlage und Basis der zweiwertigen aristotelischen Logik ist dabei das gleichwertige Austauschverhältnis in dem *Sein* und *Nichts* sich in der absoluten Reflexion gegenüberstehen, in der die Einheit von Denken und Sein zum Ausdruck kommt.

Tatsächlich geht allerdings im gelungenen Reflexionsprozess der gedachte Gedanke in dem Moment, in dem er mit dem Objekt identisch wird, dieses also zutreffend gedacht hat, in diesem auf und wird damit, wie Hegels sagt, *genichtet*. Was bleibt ist das *Sein* des Objektes und damit ein hierarchisches Gefälle zwischen dem *Sein* und dem *Nichts* zugunsten des *Seins.*

Dieses Reflexionsgefälle widerspricht dem Anspruch der absoluten Einheit von Denken und Sein in der absoluten Reflexion des dialektischen Prozesses.

Dieses Gefälle besteht bereits seit Platon und ist dem Umstand geschuldet, dass das dem *Sein* in der zweiwertigen Logik entgegengestellte *Nichts* kein der Materialität des Seins entsprechendes *„an sich"* und keine sinnliche Evidenz besitzt.

In der Hegelschen Logik findet das genannte Reflexionsgefälle seinen Ausdruck im ersten Satz der Großen Logik *„Das Sein ist das Nichts".* In dieser Aussage ist das *Sein,* entgegen der Grundannahme seiner Gleichwertigkeit mit dem *Nichts,* allerdings von höherer logischer (und ontologischer) Mächtigkeit, als dieses (das *Nichts).* Das Sein ist in diesem Satz zwar grammatikalisches Subjekt, aber als Gedachtes, logisches Objekt. *Nichts* ist grammatikalisches und logisches Prädikat des logischen Objektes, also logische Eigenschaft (Attribut) des *Seins.*

Das *Sein* ist objektiv, das *Nichts* „nur" subjektiv. Das *Nichts* der Reflexion hat keine eigenständige vom *Sein* unabhängige Bedeutung. Es reflektiert das *Sein*. Es ist *Nicht-Sein* und damit vom *Sein* metaphysisch abhängig. Denken, so Günther, ist in der zweiwertigen Logik eine spezielle, metaphysisch maskierte Variante von absoluter, objektiver Existenz, also allgemeines Sein des individuell Seienden (Günther, a.a.O. S. 320).

Damit ist die Reflexion, also das Denken, in zweiwertiger Logik metaphysisch und logisch schwächer, als das gedachte *Sein*. Das der zweiwertigen Logik zugrundeliegende gleichwertige Austauschverhältnis zwischen *Sein* und *Nichts* besteht daher tatsächlich nicht.

Dieses Reflexionsgefälle im Denken der zweiwertigen Logik ist von ihr nicht als Problem erkannt und kommt in ihr nicht zur Sprache. Im Denken der zweiwertigen Logik kann der erste Satz in Hegels großer Logik folgenlos in sein Gegenteil verkehrt werden. *„Das Nichts ist das Sein"* ändert im Selbstverständnis der zweiwertigen Logik nichts an seinem Aussagegehalt.

Tatsächlich belegt die Umkehrung dieses Satzes allerdings die Verletzung einer der Grundannahmen der zweiwertigen Logik, wonach sich *Sein* und *Nichts* in einem gleichberechtigten Austauschverhältnis gegenüberstehen.

Die Umkehr des ersten Satzes in der hegelschen Logik *„Das Sein ist das Nichts"* in sein Gegenteil *„Das Nichts ist das Sein",* sollte, wie gesagt, eigentlich in der Durchführung des Reflexionsvorganges aus Sicht der reinen Logik zu keinen abweichenden Ergebnissen führen, da *Sein* und *Nichts* gleichwertige Werte sein sollten, die in einem reinen Umtauschverhältnis zueinander stehen. In dem Satz *„Das Sein ist das Nichts"* ist das *Sein,* wie gesagt, logisches Subjekt und das *Nichts* logisches und grammatikalisches Prädikat, also Eigenschaft des Seins.

Stellt man nun in der Umkehrung des Satzes das *Nichts* an die Stelle des *Seins* und umgekehrt, verändert sich, entgegen der Grundannahme der aristotelischen Logik, wonach sich *Sein* und *Nichts* in einem gleichberechtigten Austauschverhältnis gegenüber stehen, mit der grammatikalischen Umstellung auch der Aussagegehalt des Satzes. Nun ist plötzlich das *Sein* Prädikat, also Eigenschaft des *Nichts.* Das *Nichts* eignet jetzt das *Sein* und nicht umgekehrt.

Plötzlich wird innerhalb eines strengen Logos denkbar, dass das *Nichts*, ein Gedanke also, das Bewusstsein, die Reflexion oder das Denken hierarchisch über dem gedachten Objekt steht, das gedachte Objekt, das *Sein* also, ein Attribut des *Nichts* ist.

Wenn das *Nichts* in Umkehrung des ersten Satzes in Hegels Großer Logik das *Sein* ist, dann verläuft das Reflexionsgefälle jetzt vom *Nichts* zum *Sein.* Dies bedeutet eine höhere logische und metaphysische Mächtigkeit der Reflexion über das *Sein* (Günther, a.a.O. S 320). Das *Sein* ist jetzt eine Eigenschaft des *Nichts.* Mit anderen Worten, die Reflexion, das *Nichts,* „weiß" mehr und „ist" mehr als das *Ist* des Seins!

Damit entsteigt das Denken aber seinem Los als spezielle, metaphysisch maskierte Variante von absoluter, objektiver Existenz, also demjenigen des abgeleiteten Ausdrucks des allgemeinen *Seins* im individuell Seienden. Wenn das *Nichts* von höherer logischer und metaphysischer Mächtigkeit denkbar ist, dann steht es nicht mehr in einem äquivalenten Austauschverhältnis zum *Sein*, dass es lediglich abbildet. Das *Nichts*, das Bewusstsein, die Reflexion, das Denken beinhaltet etwas und ist etwas, was sich im *Sein* nicht abbildet bzw. sich nur auf die Abbildung des Seins beschränkt. Das *Sein* wird denkbar als Ausdruck des *Nichts*. Hierin besteht die höhere metaphysische Mächtigkeit des *Nichts* im Verhältnis zum *Sein*. Es enthält eine oder mehrere Dimensionen, die nicht *Sein* sind.

Dem klassischen Denken in zweiwertiger Logik blieb diese Variante fremd, weil das *„Nichts"* der Reflexion keine selbständige vom *Sein* unabhängige Bedeutung hatte (Günther a.a.O.). Sie ist ihm fremd geblieben, weil positiv und negativ in ihr ein reines Austauschverhältnis darstellen, aus dem heraus sich eine höhere logische Mächtigkeit des einen über das andere nicht begründen lässt. Dasselbe gilt für die mit ihr korrespondierende Metaphysik des klassischen Denkens in zweiwertiger Logik und seinem Primat des *Seins*, weil sich in ihm ein Reflexionsgefälle vom *Nichts* zum *Sein* schlechterdings nicht denken lässt (Günther, a.a.O., S. 321). Dies käme einer Enteignung Gottes gleich. In der Tradition des abendländischen Denkens hat das Negative und die Negation keine eigenständige Funktion. Sie ist eine temporäre Eigenschaft der Negativität, die in der absoluten Reflexion im absoluten Subjekt in der Weise verschwindet, dass dort Positivität und Negativität zusammenfallen und das so, dass das Negative die Eigenschaften des Positiven annimmt. Hierin liegt das beschriebene metaphysische Gefälle im Denken der zweiwertigen Logik vom *Sein* zum *Nichts* (Vgl. Günther, a.a.O., S. 322) und gleichzeitig der Grund, weshalb dieser Fundamentalwiderspruch innerhalb der zweiwertigen Logik von ihr unerkannt blieb.

Tatsächlich ist diese Variante des ersten Satzes in Hegels Großer Logik dem Denken, selbst dem abendländischen, allerdings nicht fremd geblieben. Dort führte sie in der Mystik allerdings ein Schattendasein (Günther a.a.O.). Zum Tragen gekommen ist die Inversion des ersten Satzes in Hegels großer Logik und seine tatsächliche Bedeutung im abendländischen Denken im Wesentlichen bisher nicht.

In der Inversion des ersten Satzes von Hegels Großer Logik kommt nun eine Dimension der Wirklichkeit zur Sprache, die im abendländischen Denken aufgrund der ihm zugrundeliegenden zweiwertigen Logik bisher keinen Ausdruck fand. Denn *Das Nichts ist das Sein* beschreibt nicht mehr und nicht weniger, als das Primat des Geistes, des Bewusstseins über das *Sein*.

Den ersten Satz in Hegels Großer Logik und seine Inversion beim Wort genommen führt zur Eröffnung zweier Wirklichkeitsräume, verbunden mit der Frage, in welchem Verhältnis diese zueinander stehen.

Zum einen ist das der Wirklichkeitsraum, der in der 1. Reflexion auf ein Ding, die Hegel die Reflexion auf Anderes nennt, zutreffend abgebildet ist und uns in unserer sinnlichen Wahrnehmung als das Sein des Seienden in Gestalt des materiellen Universums gegenübertritt und -steht. Und auf dieser Ebene der Reflexion kommt die zweiwertige Logik, wie gesagt, zu einwandfreien, widerspruchsfreien Ergebnissen. Seinen metaphysischen Urgrund hat dieses so gedachte *Sein* in der platonischen Welt der *Idea*, auf der sämtliche monotheistischen Religionen einschließlich der aristotelischen Logik bis hin zum transzendentalen Idealismus gründen. Denn auch in letzterem werden die innerhalb der zweiwertigen Logik nicht aufzulösenden Widersprüche zwischen Subjekt und Objekt, zwischen Sein und Nichts erst in der absoluten Reflexion im absoluten Subjekt aufgelöst, das nicht dem Diesseits angehört.

Seinen metaphysischen, geistigen oder spirituellen Urgrund hat dieses Denken und das von ihm gedachte *Sein*, wie gesagt, in der von ihm gedachten für uns Sterbliche nicht erreichbaren Welt der *Idea*. Die zweiwertige aristotelische Logik ist als allzu-

ständiger Logos ohne diesen metaphysischen Urgrund im Jenseits nicht denkbar.

Den zweiten Wirklichkeitsraum beschreibt die Inversion des ersten Satzes der hegelschen Logik.
Diesen beim Wort genommen erweist er sich als
nicht mehr zur zweiwertigen Logik gehörig. Dass
das *Nichts* von höherer logischer Mächtigkeit ist, als
das *Sein*, ist dem Denken in zweiwertiger Logik nicht
denkbar. Denn alles andere, als das von ihm gedachte gleichwertige Austauschverhältnis zwischen
dem *Sein* und dem *Nichts* führt in eine Dimension
der Wirklichkeit, in der die Grundannahmen des
letztlich auf Sokrates zurückgehenden und schließlich von Platon formulierten Verständnisses der
Wirklichkeit, in der der Urgrund des *Seins* in der
Welt der *Idea* liegt, die uns Sterblichen zu Lebezei-
ten verschlossen ist, gesprengt werden.

Die höhere logische Mächtigkeit des *Nichts* im Verhältnis zum *Sein* bedeutet nichts anderes, als das
Denken des *Seins*, also des materiellen und energetischen Ausdrucks der Wirklichkeit, als Attribut des

Nichts, also des die Reflexion durchführenden Bewusstseins.

Mit der Umkehrung des ersten Satzes in Hegels Großer Logik ist nicht mehr und nicht weniger gesagt und getan, als dass die von Sokrates und Platon gedachte absolute Grenze zwischen der Welt der *Idea* als Urgrund und Urursache alles Seienden und dem Diesseits der Welt des *Seins* als Ort alles Seienden aufgehoben oder mit anderen Worten, die Urursachen alles Seienden aus einem Jenseits in ein Diesseits verlagert werden. Oder um mit Heidegger zu sprechen, ins Dasein, in dem sich das Denken ereignet.[9]

Die Reflexion ist daher im Realprozess der Wirklichkeit nicht mehr, wie im Denken der zweiwertigen Logik, auf die Spiegelung des Sinns von *Sein* reduziert. Die Reflexion ist damit nicht mehr nur der die Wirklichkeit abbildende Vorgang, sondern von dieser passiven Rolle in eine aktive überführt. Das mit der in der Umkehrung des ersten Satzes in Hegels Gro-

---

[9] Martin Heidegger, Was heißt Denken, Max Niemeyer Verlag, Tübingen 1994

ßer Logik aufscheinenden Wirklichkeit korrespondierende Denken ist daher nicht mehr zweiwertig, sondern ursprünglich mehrwertig. Sein Denken beschränkt sich nicht mehr auf die zutreffende Abbildung des *Seins* in der 1. Reflexion und damit auf die Dichotomie von *Sein* und *Nichts*, vielmehr ist es als Ursache von Realität denkbar, als die es sich auch selbst versteht. Das *Nichts* ist damit nicht nur reflexiv und steht im dialektischen Reflexionsprozess dem positiven *Sein* als Negatives gegenüber, um sich im absoluten Subjekt mit seinem Gegensatz zu vereinen. Es ist nicht mehr nur Attribut des *Seins*, es ist logisch über diesem stehender Akteur im Realprozess der Wirklichkeit, die aber nicht (mehr nur) dialektisch ist.

Das in der Umkehrung des ersten Satzes in Hegels großer Logik zu Vorschein kommende Denken und die mit ihm korrespondierende Wirklichkeit stehen nicht in einem diese ausschließenden Widerspruch zur zweiwertigen Logik. Sie enthalten sie. Beide Denkwelten existieren nebeneinander, wobei diejenige von höherer logischer und ontologischer Mächtigkeit die andere integriert. Die Mehrwertigkeit der vorgestellten Logik erweist sich darin, dass sie die zweiwertige Logik integrieren kann und darüber hinaus den Wert der höheren logischen und ontologischen Mächtigkeit des Bewusstseins besitzt, des *Nichts*, in dem sich nicht mehr nur das *Sein* spiegelt.

Das Denken verlässt in mehrwertiger Logik seine dienende Funktion, die es in der zweiwertigen Logik hat und auf die es beschränkt ist. Es tritt die schöpferische Dimension des Bewusstseins in den Bereich des Denkbaren.

Dies verändert das gesamte Welt- und Selbstverständnis des abendländischen Denkens. Wenn das denkende Subjekt Teil und Anteil hat am Realprozess, dann verändert das sein Selbstverständnis und sein Verständnis von Verantwortung fundamental. Und es verändert sein Verständnis dessen, was es als geistiges Wesen mit seinem Bewusstsein vermag. Dieses Vermögen ist der Schlüssel zu der hier vorgestellten Methode NSW.

Es soll und muss hier genügen, die aktive Rolle des Bewusstseins als Größe im Realprozess in den Bereich des vernünftig Denkbaren einzuführen, um unsere Arbeitsthese zu stützen, wonach wir mit unserem Bewusstsein Prozesse in jedenfalls organischer/belebter Materie zu beeinflussen und zu steuern in der Lage sind.

Dies ist mit der Formulierung der Denkbarkeit eines logischen und ontologischen Gefälles zwischen dem *Nichts* und dem *Sein* zugunsten des *Nichts* getan. Damit ist die Denkbarkeit des Primates des Geistes im Realprozess in den Bereich des Denkbaren gerückt.

Im Denken in mehrwertiger Logik wird es denkbar, dass jedes Phänomen im Universum seine eigene Valenz hat an sich und dieses Denken diese Valenz zu denken vermag. Die Valenz eines jeden Phänomens im Universum ist dem Denken in mehrwertiger Logik inhärent ohne metaphysischen Urtext, dem es gehorcht. Die Valenz des Du als dem belebten, beseelten Anderen ist dem Denken in mehrwertiger Logik inhärent als Ausdruck der Einsicht, dass alles was ist Ausdruck des nichtlokalen Bewusstseins ist, an dem jedes denkende Subjekt wiederum aktiven

Anteil hat und dessen Ausdruck es gleichzeitig ist. Sittlichkeit ist danach nicht mehr Folge eines Imperativs sondern Ausdruck von Empathie und Sinn im selbstbezüglichen Prozess des mit dem lokalen Bewusstsein des Selbst korrelierten nicht lokalen Bewusstseins.

So wird denkbar, dass das Denken selbst, die Reflexion und damit das Bewusstsein eine über ihre reine Abbildfunktion hinausgehende eigenständige Valenz hat. In dieser Valenz tritt das schöpferische Potential des Bewusstseins in den Bereich des Denkbaren.

Im Denken in mehrwertiger Logik wird es danach denkbar, dass die von uns als objektiv wahrgenommene Realität Ausdruck von Bewusstsein ist und daher eine Valenz hat an sich.

Im Denken in mehrwertiger Logik tritt an die Stelle der isolierten Wahrnehmung eines Objektes, das im Denken in zweiwertiger Logik dem denkenden Subjekt gegenübersteht, ein Phänomen, das mit dem denkenden Subjekt verbunden ist.

Im Denken in mehrwertiger Logik ist ein Individuum zwar immer noch ein Individuum und der Satz, der Mensch A ist ein Individuum, ist immer noch wahr. Aber nicht nur. Denn der Mensch A ist zwar Individuum, aber nicht nur. Er ist als Ausdruck von Bewusstsein zwar das Individuum A, aber er ist auch gleichzeitig dieses Bewusstsein, dessen Ausdruck er ist und mit dem er gleichzeitig im Verhältnis der Selbstbezüglichkeit untrennbar verbunden ist. Das Individuum endet nicht an den Grenzen seiner Haut. Dasselbe gilt für das Du, das ihm gegenüber steht. Dieses Du ist im Denken in mehrwertiger Logik kein Objekt mehr. Es steht seinerseits im Verhältnis der Selbstbezüglichkeit zum nichtlokalen Bewusstsein, dessen Ausdruck es ist und an dem es Teil hat. Die dieses denkende Reflexion des Individuums A auf das Individuum B ist sich dessen bewusst. Das verändert alles im Vergleich zum Denken in zweiwertiger Logik, in dem das Du in der Reflexion des A zwangsläufig zum Objekt wird. Dasselbe gilt für die Reflexion des Individuums A auf z.B. ein Myzel, sagen wir den Peronosporapilz in seinem Weinberg. Dem Peronosporapilz fehlt es vermutlich zwar an der Fähigkeit zur Selbstreflexion und daher an

Selbstbewusstsein, nicht aber an Freiheitsgraden und an einem gewissen Grad an Bewusstsein. Daher kann ein Individuum A auch auf das Peronosporamyzel unter dem Eindruck mehrwertiger Logik nicht mehr reflektieren wie auf ein Objekt. Denn es ist keines. Auch dies verändert alles, was ein Individuum A bisher über ein Peronosporamyzel in zweiwertiger Logik gedacht hat. Da war es ein Objekt, und dieses Objekt war der Feind des Individuums A, jedenfalls wenn dieses Winzer war, und der Feind seines Weinberges, seiner Reben und Trauben. Und dieser Feind war zu bekämpfen bis zu seiner Vernichtung. Es gab nur entweder oder. Denken in mehrwertiger Logik schließt diesen Standpunkt aus. Denn im Denken in mehrwertiger Logik scheinen neben den für die Reben und Trauben bedrohlichen Eigenschaften des Peronosporamyzels auch alle anderen Attribute und Wesensmerkmale des Pilzes auf. Z.B. seine Nützlichkeit für das Bodenleben. Er ist kein Objekt mehr, das es zu bekämpfen gilt. Er ist neben seinen bedrohlichen Eigenschaften ein Mitwesen mit nützlichen Eigenschaften, jedenfalls, solange er im Boden bleibt und nicht auf die Reben und Trauben im Weinberg des Individuums A geht.

Und er ist, ebenso wie das Individuum A Ausdruck des nichtlokalen Bewusstseins, mit dem er ebenso, wie das Individuum A selbstbezüglich verbunden ist. In mehrwertiger Logik wird denkbar, dass das Peronosporamyzel mit dem Individuum A, dessen Weinberg es besiedelt, zusammen mit dem Weinberg ein System bildet, in dem das Individuum A, der Weinberg, die Reben und das Myzel im Verhältnis der Intersubjektivität miteinander verbunden sind. Die wesentliche Verbindung besteht dabei nicht zwischen ihren physischen Entitäten, sondern zwischen den mit diesen verbundenen und diesen zugeordneten Quantenfeldern, die wiederum mit allen Quantenfeldern im Universum verbunden sind. Es besteht eine informationelle, intersubjektive Verbindung zwischen dem Winzer, dem Weinberg, den Reben und Trauben und dem Myzel. Diese informationelle, intersubjektive Verbindung kann von einem bewussten und selbstbewussten Wesen, wie es das Individuum A als Winzer ist, bewusst und aktiv adressiert werden, ebenso wie von dem Individuum A Materie und Energie bewusst und aktiv adressiert werden können. Voraussetzung dafür ist nur, dass sich das Individuum A über diese Möglichkeit ebenso bewusst ist, wie das für Materie und Energie in der Regel der Fall ist.

Daher ist es im Denken in mehrwertiger Logik denkbar, dass ein bewusstes und selbstbewusstes Individuum A gezielt und bewusst auf die Quantenfelder des Peronosporamyzels zugreift und mit diesen „ins Gespräch" kommt, letztlich mit dem Ziel, das Peronosporamyzel dazu zu „motivieren", sein angestammtes Biotop Boden nicht zu verlassen in dem „Wissen" dadurch seine Daseinsinteressen nicht zu vernachlässigen.

Denkbar ist danach folgendes: jeder Partikel, jede Amöbe, jeder Pilz, einschließlich unserer Selbst und der Beziehungen in denen wir mit dem allem und das alles mit sich und uns stehen, sind Ausdruck desselben nichtlokalen Bewusstseins, ebenso wie wir gleichzeitig dieses Bewusstsein sind, bzw. mit ihm im Verhältnis der Selbstbezüglichkeit verbunden bzw. verschränkt sind (Görnitz, Goswani, Koncsik). Menschliches Denken ist permanenter Austausch und Abgleich unseres lokalen Bewusstseins mit dem nichtlokalen Bewusstsein und umgekehrt im Verhältnis einer verwickelten Hierarchie (Goswani). Das Universum ist nicht eine Ansammlung von Staub und Energie, die zufällig das selbstbewusste, denkende Wesen Mensch hervorgebracht hat. Das Universum ist selbst Wesen, dessen Ausdruck die Realität ist, ebenso wie wir selbst als selbstbewusste Wesen über unser Bewusstsein aktiv am Ausdruck des Universums beteiligt sind. Das Universum ist die Verbindung sämtlicher in ihm vorhandenen Phänomene einschließlich der mit ihnen konnotierten Information in unendlicher Komplexität und ihre Bezogenheit aufeinander als Ausdruck von Bewusstsein. Die Verbindung wird vermittelt durch die höherdimensionalen fraktalen Quantenfelder. Der Informationsaustausch erfolgt über Photonen (QBits), die Bürger zweier Welten sind (Koncsik). Mehrwertige Logik ist der diese Komplexität integrierende Logos. Dies weist sie als unendlichwertige Logik aus. Denken in mehrwertiger Logik lässt sich denken als der zwischen dem lokalen und dem nichtlokalen Bewusstsein permanent ablaufende, das unendliche Universum in unendlichwertiger Logik metabolisierende, geistige Prozess. Die von uns wahrgenommene Realität ist Ausdruck dieses Prozesses.

Als denkende Wesen sind wir permanent aktiv an dem diese Realität hervorbringenden Prozess beteiligt. Unsere Reflexion ist eine vor dem Hintergrund der mehrwertigen Logik permanent ablaufende Verarbeitung der im Universum vorhandenen Information. Das Ergebnis dieser Reflexion sind die Wellenkollapse, die zu der von uns sinnlich wahrgenommenen Realität führen.

Keiner der Teilnehmer an diesem Prozess ist eine isolierte Entität im Sinne eines Objektes. Jede Entität ist mit allen anderen über das ihm zugeordnete Quantenfeld, das die Information trägt, mit allen anderen Entitäten verbunden und alles zusammen ist in ständigem Wandel begriffen.

Menschliche Reflexion im Denken in mehrwertiger Logik ist nicht mehr beschränkt auf ein ein Objekt denkendes Subjekt. Menschliches Denken in mehrwertiger Logik ist der sämtliche Werte in einem konkreten Reflexionsprozess integrierende, alle Beziehungen zwischen allen beteiligten Entitäten integrierende Prozess der Verarbeitung komplexer und komplexester Information. Dies geschieht nicht im

Rahmen der bewussten Aktivität unseres kritischen Verstandes, sondern von uns im Wesentlichen unerkannt und intuitiv. In diesem Sinne ist die höchste Form menschlicher Informationsverarbeitung und Reflexion Intuition.

Da die gesamte im Universum über dieses vorhandene Information in den höherdimensionalen, fraktalen Quantenstrukturen vorhanden ist und wir als bewusste und selbstbewusste sinnliche und geistige Wesen Zugang haben zu diesen Feldern, deren Ausdruck wir sind, stehen uns allen sämtliche dieser Informationen potentiell zur Verfügung. D.h. sie stehen uns allen nach den für diese Informationen geltenden Naturgesetzen zur Verfügung, ebenso, wie uns im Denken in zweiwertiger Logik Energie und Materie nach den für diese geltenden Naturgesetzen zur Verfügung stehen.

Jeder Gedanke ist komplexe Information, die als QBits zwischen unserem lokalen Bewusstsein und dem nicht lokalen Bewusstsein abgeglichen wird. Jeder Gedanke verändert alles und erschafft neue Realität. Jeder Gedanke verursacht als „Messung" oder „Beobachtung" im quantenphysikalischen Sinne einen Wellenkollaps in dessen Folge neue Faktizität entsteht.

Da unser lokales Bewusstsein über das nichtlokale Bewusstsein potentiell mit allen Quantenfeldern verbunden ist, können wir uns mit jedem anderen Phänomen im Universum potentiell verschränken. Dies geschieht durch selektive, gerichtete „Meditation", indem wir das Phänomen in unser Denken aufnehmen, bzw. uns auf es konzentrieren. Vermittelt über die jeweiligen elektromagnetischen Felder sind wir im Falle einer gelungenen Verschränkung in der Weise mit dem adressierten Phänomen verbunden, dass wir mit ihm Information austauschen können und das nichtlokal und superluminal.

Als bewusste und selbstbewusste geistige Wesen sind wir als Menschen daher potentiell in der Lage intuitiv unendliche Information instantan sinnvoll zu verarbeiten.

Insbesondere sind wir aber in der Lage, über unser Bewusstsein durch den intendierten Einsatz von

Information (Psychokinese), gezielt Prozesse in organischer (belebter) Materie zu beeinflussen und zu steuern.

NSW I Die Methode in der Theorie

Während klassischer Weinbau und klassische Landwirtschaft ganz allgemein sich die Gesetze von Energie und Materie zu Nutzen macht, nutzt NSW die Dimension der Information.

Als komplexe synergetische Methode bedient sich NSW dabei der Kinesiologie. Dies geschieht zum einen über den kinesiologischen Muskeltest als Diagnose- und Verifizierungswerkzeug. Zum anderen bedient sich NSW der Psychokinese und der von der kinesiologischen Methode Omega Health Coaching entliehenen sog. Mind Access Programme (MAP).

Über den kinesiologischen Muskeltest (KMT) bekommen wir Zugriff auf die von uns abgefragte Information. Der Muskeltest wird bevorzugt an Daumen und Mittelfinger der rechten Hand der Testperson ausgeführt (Ringtest). Über die Muskulatur der Testperson haben wir, vermittelt über die Schnittstelle des EMF Zugang zu den der Testperson zugeordneten Quantenfeldern und über diese potentiell zu sämtlichen im Universum vorhandenen Informationen.

Über das Phänomen der Quantenverschränkung ist Information instantan und nichtlokal verfügbar.

Der kinesiologische Muskeltest (KMT) ist verifizierte Intuition. Intuition ist die höchste Form der Reflexion. Sie ist die holistische, nichtlokale, superluminale Verarbeitung der im Universum vorhandenen Information. Im Falle intuitiv reflektierter komplexer Information leuchtet uns das jeweilige Reflektierte unmittelbar ein, ohne, dass dem ein bewusster Prozess der Informationsverarbeitung vorausgegangen wäre, wie es im Falle der zweiwertigen Logik unabdingbar der Fall ist. Über den KMT haben wir unmittelbaren Zugriff auf das intuitiv „verstandene" Ergebnis. Erfahrene Behandler/Tester/Coaches kennen das Ergebnis oft direkt intuitiv bereits vor der Durchführung des KMT.

Mit dem KMT kann Information so im Rahmen von Ja/Nein-Fragen abgefragt werden. Also z.B., hat mein Weinberg XY Stress aufgrund von Pilzkrankheiten? Ist das der Fall, antwortet der Muskel der Testperson mit „ja", also fest oder schlaff, abhängig davon, wie der Tester „ja" und „nein" vorher definiert hat.

Besteht Stress aufgrund von Pilzdruck testen wir weiter, welches Mittel am besten geeignet ist, diesen Pilzdruck zu beseitigen. Welche Mittel das sind, wird im praktischen Teil (Band 2) beschrieben.

Behandeln wir den Pilzdruck z.B. mit der MAP Emotionale Balance (EB), stellen wir eine Verbindung zwischen dem Tester/Behandler/Coach und dem Weinberg her, indem wir uns gedanklich mit dem Weinberg verbinden, wodurch im Wege der Verschränkung eine Quantensituation zwischen dem Tester/Behandler/Coach und dem Weinberg, bzw. dem jeweiligen Myzel hergestellt wird.

Im Wege der Affirmation wird dann bei dem adressierten Myzel emotionale Balance hergestellt, die es motiviert, den Boden nicht zu verlassen und die Reben und Trauben des jeweiligen Weinberges nicht zu befallen (zu den Details siehe Band 2).

Die Affirmation erfolgt mit dem Mittel gesprochener und/oder gedachter Gedanken. Bei diesen handelt es sich um komplexe Information die in Form von QBits über das EMF unseres Gehirns an die Felder des mit uns verschränkten Weinberges bzw. Myzels vermittelt wird.

Nach Abschluss der Affirmation wird dann getestet, ob in dem Weinberg noch Stress herrscht wegen des vorher festgestellten Pilzdruckes. Ist die Antwort „nein", ist zu testen, ob und wenn ja, wann eine weitere Behandlung erforderlich ist. Ist die Antwort „ja", ist zu testen, was das geeignete Mittel für die weitere Behandlung ist, die dann entsprechend durchzuführen und nach Durchführung mit dem KMT auf ihre Wirkmächtigkeit hin zu testen ist.

Anmerkungen

Die Quantenphysik und ihre Auswirkungen auf unser Denken über Materie und Wirklichkeit

* In einem am 19. Oktober 2021 auf der Homepage des American Institute of Physics, AIP veröffentlichten Artikel beschreibt Vopson wie er auf der Basis von Shannons Informationstheorie (vgl. https://de.wikipedia.org/wiki/Informationstheorie) die Menge an verschlüsselter Information in der gesamten sichtbaren (baryonischen) Materie im Universum berechnet hat. Dies wurde erreicht, indem er eine detaillierte Formel abgeleitet hat, die die Gesamtzahl der Teilchen (Protonen) im beobachtbaren (baryonischen) Universum abschätzt, die als Eddington-Zahl (vgl. https://en.wikipedia.org/wiki/Eddington_number) bekannt ist, und indem er die Menge an Informationen geschätzt hat, die von jedem Teilchen über sich selbst gespeichert werden. Dabei wurde festgestellt, dass jedes Teilchen (Proton) im beobachtbaren Universum 1.509 Informationsbits enthält und dass in allen Materieteilchen des beobachtbaren Universums ~6×10^{80} Informationsbits gespeichert sind (vgl. Vopson a.a.o.). Dabei handelt es sich allerdings nur um die Information, die in Teichen enthalten ist, die eine Restmasse von größer Null haben. Unberücksichtigt bleibt die Information, die in anderen Formen gespeichert werden können, einschließlich nach dem holographischen Prinzip auf der Oberfläche der Raumzeit-Struktur selbst (Vopson, a.a.O.; J. D. Bekenstein, "Black holes and information theory," Contemp. Phys. 45(1), 31–43 (2004). https://doi.org/10.1080/00107510310001632523).

Felder, höhere Raumdimensionen und Bewusstsein

* Die mathematische Formel der Protyposis lautet:

$$mc^2 = E = \frac{hc}{\lambda} = \frac{N\hbar}{6\pi t kosmos}$$

Die Masse m ist nach Einstein mit der Lichtgeschwindigkeit c äquivalent zu einer Energie E. Dieser wiederum entspricht mit dem Wirkungsquantum h nach Planck der Kehrwert einer charakteristischen Ausdehnung. Neu ist, dass die Energie E einer Anzahl N von Quantenbits entspricht. Dabei ergibt sich der Proportionalitätsfaktor zu $\hbar$ (= h 2 π) geteilt durch 6 π mal dem Weltalter t kosmos. (https://de.everybodywiki.com/Protyposis)

**Was aber ist ein vier- und höherdimensionaler Körper?

Ausgehend von der nullten Raumdimension, dem Punkt, über die 1. Raumdimension, die Linie, zur 2. Raumdimension, der Fläche, bereitet es uns keine Schwierigkeiten, uns die 3. Raumdimension , vorzustellen, die aus 3 im 90° Winkel von einem Punkt ausgehenden Linien gebildet wird und das Koordinatenkreuz mit seinen 3 Achsen, der x-, y- und z-Achse bildet.

Ausgehend von der Grundannahme, dass eine zusätzliche Dimension eine Ausdehnung in eine Richtung bezeichnet, die nicht durch andere bereits vorher definierte Dimensionen
dargestellt werden kann
(vgl. https://de.wikipedia.org/wiki/4D), muss die 4. Raumdimension eine 4. Richtung im Raum definieren, die zu den 3 bekannten hinzutritt und unabhängig von ihnen ist.

Diese 4. Richtung definiert z.B. der Tetraeder als kleinster vierdimensionaler Körper mit seinen 4 gleichschenkligen

Dreiecken aus deren Mitte jeweils eine Achse zu der gegenüberliegenden Ecke führt. Jede dieser Achsen beschreibt eine eigene von den anderen unabhängige Richtung. Selbstverständlich ist der Tetraeder, ebenso wie jeder höherdimensionale Körper, auch ein 3-dimensionaler Körper. Seine 3-Dimensionalität ergibt sich aus den 3 Achsen, die jeweils durch die Mittelpunkte der sich gegenüberliegenden Achsen führen. Anders als z.B. ein Kubus beschreibt er aber darüber hinaus eine vierte eigenständige Richtung, die von seinen 4 Achsen definiert wird, die alle voneinander unabhängig sind. Er lässt sich über jede seiner 4 Ecken in Richtung der dort endenden Achse umstülpen und/oder vervielfältigen, ohne, dass er dabei seine Form und seinen Inhalt verändert. Bei einem Kubus ist dies nur über seine 3 ihn bestimmenden Achsen möglich. Während ein dreidimensionaler Kubus erst als Hyperwürfel oder Tesserakt mit 8 Volumina zum 4-dimensionalen Körper wird, ergibt sich die 4-Dimensionalität beim Tetraeder bereits indem man ihn über seine 4 Achsen jeweils nach außen stülpt. Außerdem bildet sich der Tetraeder bei Drehung um jede seiner 4 Achsen um 120°, 240° und 360° jeweils auf sich selbst ab. Der Raum, aus dem wir ihn herausgestülpt haben, bzw. aus dem heraus er sich auf sich selbst abbildet, bleibt „leer“, und um diesen herum gruppieren sich 4 gleiche Tetraeder, wodurch uns der Tetraeder ausgefaltet oder ausgestülpt als vierdimensionaler Körper erfahrbar wird. Tatsächlich trägt der Tetraeder seine Vierdimensionalität aber bereits unausgestülpt als solche in sich, nur ist sie für uns nicht sichtbar. Sie wird nur z.B. durch eine Gitterzeichnung erfahrbar, vorstellbar und denkbar.

Zwei- und merhwertige Logik

*Im jüdisch-christlich-abendländischen Denken wurden und werden die Nebenwirkungen letztlich mit dem Dominium terrae „Die Erde sei des Menschen Untertan“, (vgl. Genesis, 1. Buch Moses, 28) legitimiert. In voller Länge

und in der Einheitsübersetzung von 2016 lautet er wört-
lich wie folgt: „Gott segnete sie und Gott sprach zu ihnen:
Seid fruchtbar und mehrt euch, füllt die Erde und unter-
werft sie und waltet über die Fische des Meeres, über die
Vögel des Himmels und über alle Tiere, die auf der Erde
kriechen!" Dieser Auftrag wurde so ausgelegt, dass die
Kinder Gottes das Recht haben, die Erde für die Erfüllung
des Auftrages Gottes auszubeuten. Diese Legitimation
schloss alles mit ein, was Menschen seither und bisher im
Namen ihres Gottes hervorgebracht und getan haben. Im
besonderen Maße hat sich dieses Gebot in den von den
Menschen bisher entwickelten und angewandten Wirt-
schaftsweisen entfaltet, zu denen natürlich auch die
Landwirtschaft gehört.

Bibliographie

Bekenstein, Jakob David, "Black holes and information theory," Contemp. Phys. 45(1), 31–43 (2004)

Campbell, Thomas Warren, MY BIG TOE - Meine Grosse Theorie von allem - Buch 1 – 3, 2. Auflage Taschenbuch – 19. November 2018

Diamond, John, Der Körper lügt nicht, 12. Auflage, Freiburg 1995

Dürr, Hans-Peter und Franz-Theo Gottwald, Hrsg., Rupert Sheldrake in der Diskussion, Scherz Verlag Bern, München, Wien 1999

Fuller, Richard Buckminster,

Synergetics. Explorations in the Geometry of Thinking (mit E. J. Applewhite), Macmillan, New York 1975/1979

Bedienungsanleitung für das Raumschiff Erde und andere Schriften. Veränderte Neuausgabe: Verlag der Kunst, Amsterdam/Dresden 1998

Görnitz, Thomas u. Brigitte, Von der Quantenphysik zum Bewusstsein; Kosmos, Geist und Materie, Springer-Verlag Berlin Heidelberg 2016

Günther, Gotthard

Idee und Grundriss einer nicht-Aristotelischen Logik, in: www.vordenker.de (Edition: Sommer 2004), J. Paul (Ed.), URL:
http://www.vordenker.de/downloads/grndvorw.pdf

Metaphysik, Logik und die Theorie der Reflexion, in: www.vordenker.de (Edition: Sommer 2004), J. Paul (Ed.), URL:

<http://www.vordenker.de/ggphilosophy/gg_metaph-logik-refl.pdf > — Erstveröffentlichung in: Archiv für Philosophie Bd. 7, 1957, p. 1-44

Hawkins, David R., Die Ebenen des Bewußtseins, VAK Verlag Kirchzarten, 11. Auflage 2020; engl. Power versus Force, Veritas Publishing Sedona/Arizona 1995

Heidegger, Martin, Was heißt Denken, Max Niemeyer Verlag, Tübingen 1994

Heisenberg, Werner, Quantentheorie und Philosophie, Reclam, Stuttgart 1986

Herbert, Nick, Quantenrealität - Jenseits der neuen Physik, Basel; Boston, Birkhäuser 1987; engl. Quantum Reality, Beyond the New Physics, Anchor Press/Doubleday, New York 1985

Koch, Christian, Bekenntnisse eines Hirnforschers, Springer, Heidelberg, 2013

Koncsik, Imre, Die Entschlüsselung des Geistes; Auf dem Weg zur echten KI, Cuvillier Verlag Göttingen, 2020

Love, Jeff, Die Quantengötter, Rowohlt Taschenbuchverlag, Reinbek bei Hamburg, 1987

Martina, Dr. Roy, Tiefseelentauchen,
Emotionales Gleichgewicht finden,
Verlag Silberschnur, 2009

Neuman, John von, Die mathematischen Grundlagen der Quantenmechanik, Springer Verlag, Berlin Heidelberg New York, 1981

Platon, Phaidos 99a – 102a

Schelling, Friedrich Wilhelm Joseph von, Ausgewählte Schriften, Band I, Suhrkamp, Frankfurt am Main 1995

Schrödinger, Erwin

Geist und Materie, Diogenes, Zürich 1989

Was ist Leben? - Die lebende Zelle mit den Augen des Physikers betrachtet, Piper, München 1999

Sheldrake, Rupert, Das schöpferische Universum. Die Theorie des morphogenetischen Feldes. Ullstein, Frankfurt am Main/Berlin 1983, Neuauflage 2009; engl. A New Sience of Life Blond&Briggs Limited, London, 1981

Steiner, Dr. Rudolf

Geisteswissenschaftliche Grundlagen zum Gedeihen der Landwirtschaft: Landwirtschaftlicher Kursus, Koberwitz bei Breslau 1924, Gesamtausgabe Bd. 640, Rudolf Steiner Verlag Dornach/Schweiz

Wie erlangt man Erkenntnisse der höheren Welten?, Taschenbuchausgabe, 14. Auflage 2019, GA Bd. 600, Rudolf Steiner Verlag, Basel

Rucker, Rudi, Die Wunderwelt der Vierten Dimension, Droemersche Verlagsanstalt Th. Knaur Nachf., München,1991

Vopson, M. Melvin, Estimation of the information contained in the visible matter of the universe https://aip.scitation.org/doi/full/10.1063/5.0064475, Submitted: 23 July 2021 Accepted: 30 August 2021 Published Online: 19 October 2021

Wheeler, J. A., "Information, physics, quantum: The search for links," in Complexity, Entropy and the Physics of Information, edited by W. H. Zurek (Addison-Wesley, Redwood City, CA, 1990

ISBN:978-3-757810-13-9

FSC
www.fsc.org
MIX
Papier aus ver-
antwortungsvollen
Quellen
Paper from
responsible sources
FSC® C105338